弘高

具有
高信仰与理念的
努力实践与传播普世价值观的

弘高要成为伟大的

以念臣行
为导向的企业组织

弘高要成为独一无二
且卓有成效的为提升人类工作君住
休闲环境品质而持续努力的企业组织

弘高要成为永远走在时代前列
有着强烈自我更新意识

持续努力提升客户价值与员工发展空间
具有深刻的社会责任
与强大赢利能力的学习型组织

成

弘高创意
HONGGAO CREATIVE

HONGGAO

CREATIVE

中华人民共和国成立 70 周年建筑装饰行业献礼

弘高创意装饰精品

中国建筑装饰协会　组织编写

北京弘高创意建筑设计股份有限公司　编著

中国建筑工业出版社

弘高创意 中华人民共和国成立 70 周年建筑装饰行业献礼

HONGGAO CREATIVE

中国人居精装设计概念第一股

First Design-oriented Listed Company in China´s Building Industry

3

editorial board

丛书编委会

本书编委会

总指导	刘晓一
总审稿	王本明
主　编	甄建涛
副主编	韩力炜

编委成员	刘曦镁　郭　萌　孙　超　荆　明
	施建民　冼　宁　王　锐　周庆国
	单玉娜　李海龙　梁笑非　郭树枫
	王　蕾　马　妍

foreword

序一

中国建筑装饰协会名誉会长
马挺贵

伴随着改革开放的步伐，中国建筑装饰行业这一具有政治、经济、文化意义的传统行业焕发了青春，得到了蓬勃发展。建筑装饰行业已成为年产值数万亿元、吸纳劳动力 1600 多万人，并持续实现较高增长速度、在社会经济发展中发挥基础性作用的支柱型行业，成为名副其实的"资源永续、业态常青"的行业。

中国建筑装饰行业的发展，不仅有着坚实的社会思想、经济实力及技术发展的基础，更有行业从业者队伍的奋勇拼搏、敢于创新、精益求精的社会责任担当。建筑装饰行业的发展，不仅彰显了我国经济发展的辉煌，也是中华人民共和国成立 70 周年，尤其是改革开放 40 多年发展的一笔宝贵的财富，值得认真总结、大力弘扬，以便更好地激励行业不断迈向新的高度，为建设富强、美丽的中国再立新功。

本套丛书是由中国建筑装饰协会和中国建筑工业出版社合作，共同组织编撰的一套展现中华人民共和国成立 70 周年来，中国建筑装饰行业取得辉煌成就的专业科技类书籍。本套丛书系统总结了行业内优秀企业的工程施工技艺，这在行业中是第一次，也是行业内一件非常有意义的大事，是行业深入贯彻落实习近平新时代中国特色社会主义理论和创新发展战略，提高服务意识和能力的具体行动。

本套丛书集中展现了中华人民共和国成立 70 周年，尤其是改革开放 40 多年来，中国建筑装饰行业领军大企业的发展历程，具体展现了优秀企业在管理理念升华、技术创新发展与完善方面取得的具体成果。本套丛书的出版是对优秀企业和企业家的褒奖，也是对行业技术创新与发展的有力推动，对建设中国特色社会主义现代化强国有着重要的现实意义。

感谢中国建筑装饰协会秘书处和中国建筑工业出版社以及参编企业相关同志的辛勤劳动，并祝中国建筑装饰行业健康、可持续发展。

为了庆祝中华人民共和国成立 70 周年，中国建筑装饰协会和中国建筑工业出版社合作，于 2017 年 4 月决定出版一套以行业内优秀企业为主体的、展现我国建筑装饰成果的丛书，并作为协会的一项重要工作任务，派出了专人负责筹划、组织，以推动此项工作顺利进行。在出版社的强力支持下，经过参编企业和协会秘书处一年多的共同努力，该套丛书目前已经开始陆续出版发行了。

建筑装饰行业是一个与国民经济各部门紧密联系、与人民福祉密切相关、高度展现国家发展成就的基础行业，在国民经济与社会发展中发挥着极为重要的作用。中华人民共和国成立 70 周年，尤其是改革开放 40 多年来，我国建筑装饰行业在全体从业者的共同努力下，紧跟国家发展步伐，全面顺应国家发展战略，取得了辉煌成就。本丛书就是一套反映建筑装饰企业发展在管理、科技方面取得具体成果的书籍，不仅是对以往成果的总结，更有推动行业今后发展的战略意义。

党的十八大之后，我国经济发展进入新常态。在创新、协调、绿色、开放、共享的新发展理念指导下，我国经济已经进入供给侧结构性改革的新发展阶段。中国特色社会主义建设进入新时期后，为建筑装饰行业发展提供了新的机遇和空间，企业也面临着新的挑战，必须进行新探索。其中动能转换、模式创新、互联网＋、国际产能合作等建筑装饰企业发展的新思路、新举措，将成为推动企业发展的新动力。

党的十九大提出"人民日益增长的美好生活需要和不平衡不充分的发展之间的矛盾"是当前我国社会主要矛盾，这对建筑装饰行业与企业发展提出新的要求。人民对环境质量要求的不断提升，互联网、物联网等网络信息技术的普及应用，建筑技术、建筑形态、建筑材料的发展，推动工程项目管理转型升级、提质增效、培育和弘扬工匠精神等，都是当前建筑装饰企业极为关心的重大课题。

本套丛书以业内优秀企业建设的具体工程项目为载体，直接或间接地展现对行业、企业、项目管理、技术创新发展等方面的思考心得、行动方案和经验收获，对在决胜全面建成小康社会，实现"两个一百年"奋斗目标中实现建筑装饰行业的健康、可持续发展，具有重要的学习与借鉴意义。

愿行业广大从业者能从本套丛书中汲取营养和能量，使本套丛书成为推动建筑装饰行业发展的助推器和润滑剂。

MISSION
使命

（通过我们的服务与努力）使人更幸福而有尊严地生活

VALUES
价值观

基于客户价值提升
基于员工（行业）发展
基于社会责任实践

VISION
愿景

弘高要成为伟大的，具有崇高信仰与理念的，努力实践与传播普世价值观的，以正念正行为导向的企业组织

弘高要成为独一无二且卓有成效的，为提升人类工作居住休闲环境品质而持续努力的企业组织

弘高要成为永远走在时代前列，有着强烈自我更新意识，持续努力提升客户价值与员工发展空间，具有深刻的社会责任感与强大赢利能力的学习型组织

VALUES + VISION

FIRM PROFILE

弘高创意简介

北京弘高创意建筑设计股份有限公司（以下简称弘高创意）成立于1993年，2014年上市，成为大建设行业设计概念第一股（股票代码002504），现有员工700余名。弘高创意下设子公司北京弘高建筑装饰工程设计股份有限公司（以下简称弘高设计）、孙公司北京弘高建筑装饰设计工程有限公司（以下简称弘高装饰）。

弘高创意是以建筑装饰创意设计为核心，中高端建设项目设计施工一体化的大型建筑装饰公司。公司拥有住房和城乡建设部核发的较完备的专业资质。

弘高创意在建筑装饰施工设计领域打造了众多标志性的精品工程，如北京雁栖湖国际会都（核心岛）精品酒店（凯宾斯基）、杭州国际博览中心（G20峰会）、北京中信大厦（中国尊）、北京大学国际医院等。未来的目标是成为拥有"创意设计＋工业制造＋装配化安装系统能力"的国内顶级循环经济建设服务商。

HONOR

荣誉

弘高长期注重品牌建设，不断通过质量、诚信和服务来打造"弘高"品牌，为业主创造高品质的作品，在广大客户中树立了良好的企业形象，提升了"弘高"品牌的影响力。

弘高连续多年被评为中国最具影响力的优秀设计机构、中国装饰设计50强企业、北京市建筑装饰行业五星级诚信企业、北京市建筑装饰行业龙头企业、改革开放三十年中国装饰成就明星企业、北京市建筑装饰协会建会三十年突出贡献企业等。

弘高在装饰领域里创作了多项精品工程，多个施工项目获得中国建设工程鲁班奖（国家优质工程）、建筑长城杯金质奖、中国建筑工程装饰奖（简称国优）、北京市建筑装饰优质工程（简称市优）等国家和省部级奖项。优秀获奖项目如河北白楼宾馆（中国建设工程鲁班奖）、淄博广播电视中心（中国建设工程鲁班奖）、联想科技园（建筑长城杯金质奖）、中国天辰科技园天辰大厦（全国建筑工程装饰奖）、中关村欧美汇（全国建筑工程装饰奖）、中信证券股份有限公司办公楼（全国建筑工程装饰奖）、微软总部（北京市建筑装饰优质工程）、钓鱼台七号院（北京市建筑装饰优质工程）等。

在设计领域荣获国家级和省市级奖项百余项，其中自2015—2018年荣获国家级及省市级优秀项目奖项50余项。

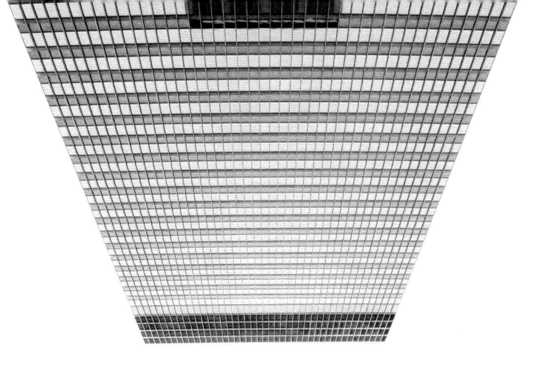

北京市建筑装饰工程优秀设计奖

北京国际建筑装饰设计双年展酒店空间类最佳奖

全国建筑装饰行业科技示范工程科技创新奖

百家优秀科技创新型企业

全国建筑工程装饰奖

酒店类最佳专业化装饰企业

中国建筑装饰行业百强企业

中国建设工程鲁班奖

北京国际建筑装饰设计双年展公共建筑类优秀奖

北京建设行业诚信企业

建筑长城杯金质奖

办公空间类最佳专业化装饰企业

商业空间类最佳专业化装饰企业

HISTORY

发展历程

1993
北京弘高建筑装饰设计工程有限公司成立

1998
弘高装饰获建筑装饰工程设计专项甲级资质

1999
弘高装饰获建筑装饰装修工程专业承包一级
资质，成为装饰装修领域"双甲"资质公司

2002
弘高装饰获房屋建筑工程施工总承包二级、
园林古建工程专业承包二级、钢结构工程专
业承包资质

2003
连年获评中国建筑装饰协会授予年度"中国
建筑装饰行业百强企业"，目前名列前十
弘高装饰获联合信用管理有限公司评定颁发
的"AAA 资信等级证书"

2004
凭淄博广播电视中心大楼装修工程项目，弘
高装饰的第一个国家优质工程鲁班奖诞生，
后续获鲁班奖的工程还有河北省白楼宾馆贵
宾楼工程、北京雁栖湖国际会都（核心岛）
精品酒店（凯宾斯基）室内装饰工程等

2005
第一个分公司弘高山东分公司成立，注册地
为济南。弘高以北京总部为核心，项目已遍
及近 90 个国内外城市
同年，弘高装饰获建筑幕墙工程专业承包一
级、机电设备安装工程专业承包一级资质

2006
随着装饰行业日益成熟，建设行业设计的价
值日益显现和提升，北京弘高建筑装饰工程
设计有限公司成立，国内一线品牌的室内装
饰设计公司应运而生。以设计为先导，工程
和设计双轮驱动。同年，弘高设计获建筑装
饰工程设计专项甲级资质

2008
弘高装饰被评为"改革开放三十年中国装饰
成就明星企业"
弘高设计被评为"2007 年最具影响力建筑
装饰设计机构"

2009
北京弘高建筑装饰工程设计有限公司获
"2008 年全国建筑装饰行业科技示范工程
科技创新奖"

2010
弘高设计获评"年度十大最具影响力设计机构奖（综合类）"

2011
弘高设计被评为"2012 年度中国建筑装饰设计机构五十强企业"

2012
弘高设计荣获"2011 全国设计行业最具竞争力一百强"第二名

2013
弘高装饰首次中标位于格鲁吉尼亚的海外酒店装饰项目，标志着公司在海外酒店领域取得了重大突破
弘高装饰被评为"全国建筑装饰行业商业空间类、酒店类、办公空间类最佳专业装饰企业"

2014
弘高公司成功登陆 A 股市场，成为装饰装修领域第七家上市公司，后更名为"北京弘高创意建筑设计股份有限公司"，股票代码 002504，股票简称"弘高创意"，成为中国大建设行业设计概念第一股，借助上市平台的资本力量，以高端设计为服务入口及产品研发龙头，以建筑信息模型（BIM）为运营整合抓手，以虚拟现实（VR）作为大建设行业落地服务的前瞻，整合大建设行业上下游产业链板块，打造生态的、具有互联网思维和科技创新能力的大建设行业闭合产业链平台，为客户提供一站式服务。同年，弘高设计获"中关村高新技术企业证书"。弘高发起成立北京建筑装饰设计创新产业联盟。弘高装饰获中国展览馆协会展览陈设工程设计与施工一体化一级资质、中国展览馆协会展览工程企业一级资质

2015
弘高设计被评为"中国医院建筑优质绿色供应商"
弘高设计被评为"2015 年最具影响力设计机构"，获"最具影响力酒店空间设计机构"称号
弘高装饰获"中关村高新技术企业证书"

2017
弘高创意助力中国航天事业，观摩"天舟一号"发射，见证祖国崛起之路
弘高创意荣膺"亚洲品牌 500 强"
弘高创意荣获"2017 年度中国公益企业"称号

2018
弘高设计上榜"2016—2017 年度中国建筑装饰行业综合数据统计 50 强"

1993 - 2018

TECHNOLOGICAL INNOVATION

弘高拥有数十项新型专利、四十余项工程技术科技创新成果，

荣获全国装饰行业科技创新成果奖，参编国家建筑装饰标准，

是国家级高新技术企业

科技创新

参编标准

中国建筑装饰设计收费标准

医疗空间绿色室内设计标准

……

专利技术

办公自动化 OA 系统

一种演播厅声学设计系统

墙面阴角处理工具

DALI 智能照明系统在工程中的应用

GROOVE 平台在项目信息化管理中的

应用

VR 技术在建筑装饰装修工程中的应用

WFC 聚氨酯硬泡节能保温材料在工程中

的应用

定制成型石膏制品在吊顶工程中的应用

吊顶大面积张拉膜工艺的应用

大型艺术造型空间工艺与装饰一体化

非平面艺术造型墙体装饰概念的实现

物资集中采购平台系统

整体不锈钢服务台的装饰及灯箱检修口

一种玻璃吊顶及玻璃吊顶间的连接装置

一种室内用产生水幕的水幕墙体结构

一种吊顶反支撑

一种吊顶检修口

一种微晶石板的铺装结构

一种卫生间钢架轻质隔墙

一种卫生间门脚防水处理结构

轻钢龙骨隔墙地垄施工方法

多花色组合岗石（人造石）地面密封铺

装工法

……

新工艺

隔墙交接部位处理工艺

吊顶铝板大面积 90° 开启工艺

墙地砖勾缝工艺

隔声、减震浮动地台工艺

墙面艺术玻璃干挂工艺

不锈钢嵌缝条的加工与定位安装工艺

异型石材套口整体拼接挂装工艺

吊顶铝板大面积 90° 开启工艺

外幕墙收口施工工艺

双曲面不锈钢装饰工艺

丝网印刷选型与 LED 组合工艺

地面石材湿贴工艺

墙地砖切割工艺

波浪板安装施工工艺

超大装饰金属自由门安装施工工艺

大尺寸草编壁纸硬包挂装施工工艺

多面材组合柱饰面施工工艺

仿藻井吊顶施工工艺

木皮饰面铝单板吊顶施工工艺

木皮饰面铝方通吊顶施工工艺

复杂曲面石材干挂施工工艺

隔墙交接部位处理工艺

艺术图案发光吊顶施工工艺

泳池大尺寸洞石通缝铺贴施工工艺

……

BIM

中国创意建筑设计领军品牌

建筑信息模型以数据对象的形式组织和表现建筑及其组成部分，并具备数据共享、传递和协同的功能。这一协调一致的建筑信息模型可应用于项目全生命周期或各阶段，与其他软硬件技术集成，进行项目计划、决策、设计、建造、运营等。弘高创意以 BIM 为运营整合抓手，借助上市平台的资本优势，致力于 BIM 相关战略布局，提升客户增值服务能力。

弘高创意旗下的装饰公司也已将 BIM 技术应用于多个项目，如诺金酒店、华都中心办公楼、天圆祥泰、昆明大宥城、上海金茂府、上海中信等。另专有20000 个族、2000 多个类型规格源于图集与厂家样本，可以满足设计要求。其中，装饰基本构件族库有轻钢龙骨隔墙系列族库、轻钢龙骨吊顶系列族库、矿棉板吊顶系列族库、干挂石材系列族库、软包系列族库、木饰面系列族库、门族库等。强大的后台数据库、简洁直观的管理界面、专业的前端布置界面易使用、易操作、易管理，可以有效提高工程师的建模效率，使设计人员可以把重点放在深化设计上；标准化的族文件，既提高了图纸的质量，也便于后期 BIM 信息的利用。

contents

目录

honggao creative

019
HONGGAO

Beijing Yanqi Lake International Convention Center (Core Island) Boutique Hotel (Kempinski)

北京雁栖湖国际会都（核心岛）
精品酒店（凯宾斯基）

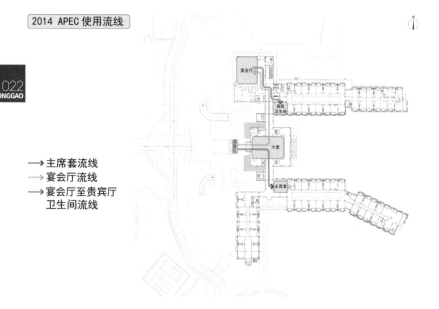

2014 APEC 使用流线

→ 主席套流线
→ 宴会厅流线
→ 宴会厅至贵宾厅
卫生间流线

雁栖湖，位于北京市怀柔区北部北台上村拦截雁栖河的水库，北临巍峨雄伟的万里长城，南偎一望无际的华北平原。水面宽阔，湖水清澈，每年春秋两季常有成群的大雁来湖中栖息，故而得名。

这个聚集着自然灵秀之气的地方，最终被选为第22次亚太经合组织（APEC）领导人非正式会议的举办地，而环绕在山湖水景之中的雁栖酒店则承担了接待各国元首的职能。如何在各国元首驻足的片刻让他们感受到中国文化的博大精深；如何在大厅、宴会厅及走廊等公共区域，既恰到好处地体现国家威仪，又给人以放松及愉悦之感；如何以现代的设计语言将中国传统的历史文化诠释为"世界语"，是摆在北京弘高建筑装饰设计公司设计团队面前的待解之题。

设计背景

作为北京雁栖湖国际会都核心岛的重要组成部分，项目建成后将成为具备接待 APEC 和 G20 峰会等大型国际会议及高端商务会展活动能力，具有中国文化特色和国际水准，同时能够体验自然生态特色的北京最为高端的会议、休闲度假酒店。传统性与现代感并存的设计风格在室内空间中得以延续，而凝聚了中国建筑文化精华并彰显着古代皇家威仪的故宫和太和殿则成为设计师重要的灵感来源。

设计定位

设计定位为营造具有中国文化底蕴、具备中国传统哲学精神的人与自然和谐相处的会议、度假场所。

中华文明源远流长，阴阳交感，五行相生，崇尚自然、伦理和觉悟，是我们祖先对天文、地理、历史和生活环境的经验写照，也是奠定中国传统文化结构的基石，由此造就了博大精深的中国文化，形成了稳定的社会结构，使华夏儿女得以休养生息、安居乐业、薪火相传，使上下五千年的文明一脉相承，塑造了富于创造力和顽强的民族精神，哺育了一代代英雄儿女……

因此，我们以此为线索，彰显博大、厚重的空间气质，展开舒缓、壮丽的室内篇章。

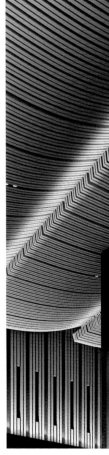

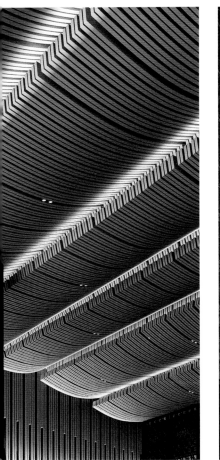

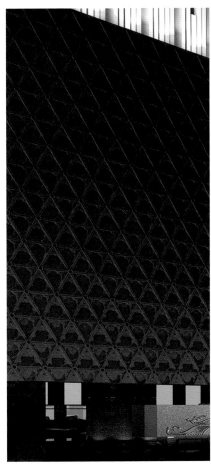

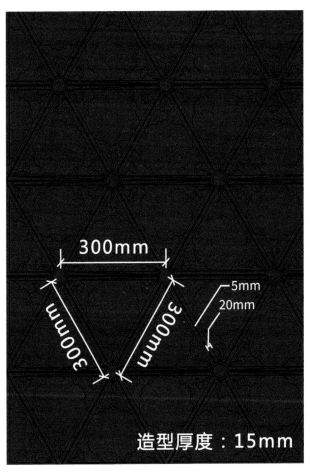

300mm

300mm

300mm

5mm
20mm

造型厚度：15mm

028
HONGGAO

功能空间介绍

大堂

以红、灰、金为主色调，辅以深木色，首先从感官上奠定了"中国色彩"的基调；地面祥云图案的石材拼花，迎面镂雕的铜屏风排列都取"五"之吉数。

考虑到酒店的定位以及地处北京的地理特殊性，最终确定了对室内空间和整体建筑形象与风格进行统一设计的原则，并将"彰显中国文化底蕴的同时，兼具国际化和现代感"的设计理念贯穿其中。

酒店建筑采用七阶台基的设计，给人一种宏伟壮观之感。作为建筑的"冠冕"，灰色尖山式悬山顶颇具古建筑意味，而金色圆形檐柱与清代惯用的青石方形柱础的组合，油然生出肃然严整之意。建筑外立面上的装饰木纹隔扇古朴典雅，而大块的落地式钢化玻璃则显得空间通透而现代。传统性与现代感并存的设计风格也在室内空间中得以延续，集萃了中国建筑文化精华并彰显着古代皇家威仪的故宫和太和殿则成为设计师重要的灵感来源。

大堂通往宴会厅的主通道上铺设着光滑洁净的石材地板，覆盖其上的织物地毯绘制着飘逸灵动的祥云图案。宴会厅外立面的铜花格图案是对大堂中设计元素的延续性运用，而石材和织物这两种在触感和肌理上截然不同的材质，营造出庄重肃穆且自然休闲的空间体验，黄金分割比例设计原则的运用则增加了墙面的视觉美感。

进入宴会厅内部，玻璃幕墙立面的设计让各国首脑得以在用餐的同时欣赏雁栖湖景。主墙面绘制巨幅山水画，传递着中国文化的魅力，行云流水间彰显出中国山河的大气磅礴之象。顶棚的设计灵感来源于中国传统建筑中的顶棚装饰——藻井，并借鉴了西方建筑中的穹顶造型，呈现出兼具东方和西方文化的视觉效果。梁子彩绘的图案以浮雕的形式绘于其上，而木包铝的做法则让顶棚具有传统和现代的双重意象。

在进行中式文化表达的同时，也对某些元素的运用进行了巧妙的变异。比如以"卍"字形铜质花格代替中国古代建筑中常见的菱形窗棂格；再比如放弃费时的漆雕工艺而使用 GRG 材料装饰墙面，金属和石材的组合稳固而精致，营造出三维的立体之感。可以看出，不管是整体设计还是细节之处，均体现出对中国传统文化的深刻洞察和当代思考。设计师说，对于大多数人来说，故宫的一些建筑细部很容易被视而不见，然而细细研究，就会发现一寸一尺间皆蕴藏着大学问，从中我们得以深刻感受到中国劳动人民的智慧与坚持。

在中轴对称的格局当中，两侧的朱漆红墙赋予空间浓重的中国味道，也更加突出空间的仪式感。墙面镶嵌长达 7 米的极具现代感的壁炉，使得东方与西方、传统与现代等不同的文化形式在此碰撞，让来自西方的国际友人感受到一种久违的亲切。

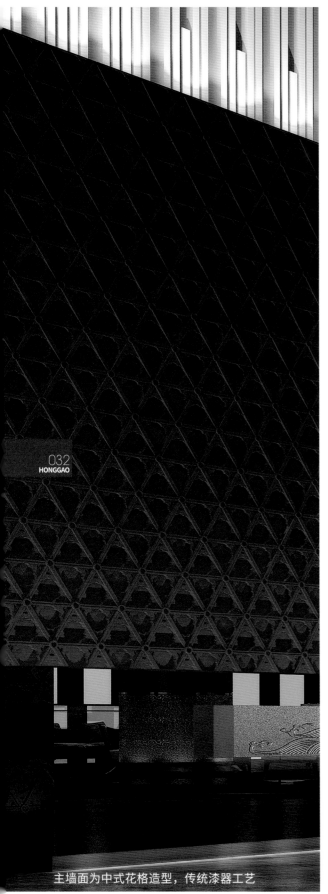

主墙面为中式花格造型，传统漆器工艺

柱础为铜质祥云刻花图案

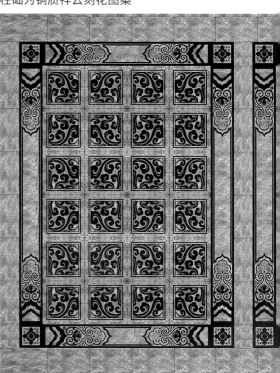

静水面上漂浮着玉石雕刻的玉钵

设计手法

室内设计与建筑设计相呼应，建筑设计的语言符号贯穿于室内，达到室内外浑然一体的效果。同时将简洁现代的设计手法与传统的文化形式加以融合，将中国传统的"金、木、水、火、土"五行元素运用其中，构筑了具有中国皇家风格、现代审美特质和先进使用功能的接待与休闲空间。地面祥云图案的石材拼花，迎面镂雕的铜屏风排列都取"五"之吉数。

"五"，阴阳在天地之间交午也（东汉·许慎《说文》）。
在九宫当中，东、西、南、北、中，五居中央。
五洲——指世界各地，五洲朋友欢聚一堂。
五行——金、木、水、火、土，古人认为这五种物质构成世界万物。
五音——宫、商、角、徵、羽，为中国五声音阶上的五个级。
五彩——青、黄、赤、白、黑，五彩缤纷泛指各种颜色。

软装设计

软装方案围绕"金、木、水、火、土"五个元素展开，主要从颜色及材质上与之呼应，家具面料、窗帘及地毯多采用中国传统吉祥图案云纹，象征高升和如意。

艺术品

入口处仙鹤摆件寓意——仙鹤为仙禽，象征着祥瑞、延年益寿，用铜材质打造主要是为了烘托"普天同贺（铜鹤）"。

大堂吧楼梯右侧砚台摆件寓意——砚台为文房用具，由于其性质坚固，传百世而不朽，被历代文人作为珍玩藏品之选。砚台作为文人雅士的案头清供，喻示着中国文化源远流长、博大精深。

大堂吧楼梯左侧玉佩摆件寓意——玉佩在中国的文明史上有着特殊的地位，孔子说"玉之美，有如君子之德"，认为玉具有仁、智、义、礼、乐、忠、信、天、地、德、道等君子的品节。以玉为摆件是一种和平的象征。

宴会前厅扇子摆件寓意——扇子为礼仪工具，有"净君扫浮沉，凉友招清风"的寓意。

公区花器寓意——以故宫铜缸为原型，在此基础上加以变形，再加之龙纹雕刻，有"聚集财富""吉祥如意""万年长青"之意。

自然之"品性"，人之"品性"，艺术之"品性"，空间之"品性"，在此融汇共鸣，这正是室内设计赋予此酒店空间的精神气质。

地面石材与铜质的梁子彩绘和祥云相结合作为中心拼花

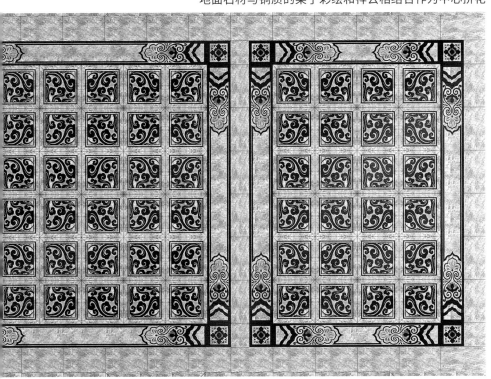

金銮殿藻井——地位与权力的最高级别

宴会厅

宴会厅为整个酒店添加了最为浓墨重彩的一笔，高大沉稳的雕花门，暗红墙面映衬下的铜屏风，中国红色调的精美手工地毯，气势磅礴的长城主背景壁画，工艺复杂精致的石雕花梁与木质藻井顶棚，以及具有高科技含量的照明、声学系统，呈现在面前的是一幅壮丽恢宏的"中国气场"画卷。

大堂吧及走廊等公共区域

以柔和的大地色系为主，营造舒缓的空间氛围，令室内外景观自然融合，使人领略一种身心的放松与舒适。用材方面，顶棚天然的核桃木，墙面天然的麻织壁布，地面天然的羊毛地毯，辅以古铜踢脚、暖灰色大理石，使空间显得典雅华贵。地毯的创意来源于商周时期的织锦祥云图案。信步廊道，可平步云端，远瞩高瞻。

CITIC Tower
北京中信大厦
（中国尊）

中国尊是位于北京市朝阳区 CBD 核心区 Z15 地块的一幢超高层建筑，也是北京市最高的地标建筑。Z15 为 CBD 核心区建筑面积最大的一个地块。Z15 地块东至金和东路、南至景辉街、西至金和路、北至规划绿地。中国尊总建筑面积约 43.7 万平方米，地上108 层，纯地下室 7 层，塔楼区地下 5 层，建成后取代国贸三期成为北京第一高楼。基坑东西约 140 米，南北约 80 米，占地面积 11478 平方米，塔楼采用核心筒巨型框架外伸臂转换桁架结构，基础采用基础桩筏板加锚杆结构，是全球抗震性能最佳的超过 500 米的超高层建筑，建造全程采用先进的 BIM 技术，利用计算机代替人工对结构进行预拼装，减少建造中的返工及错误。

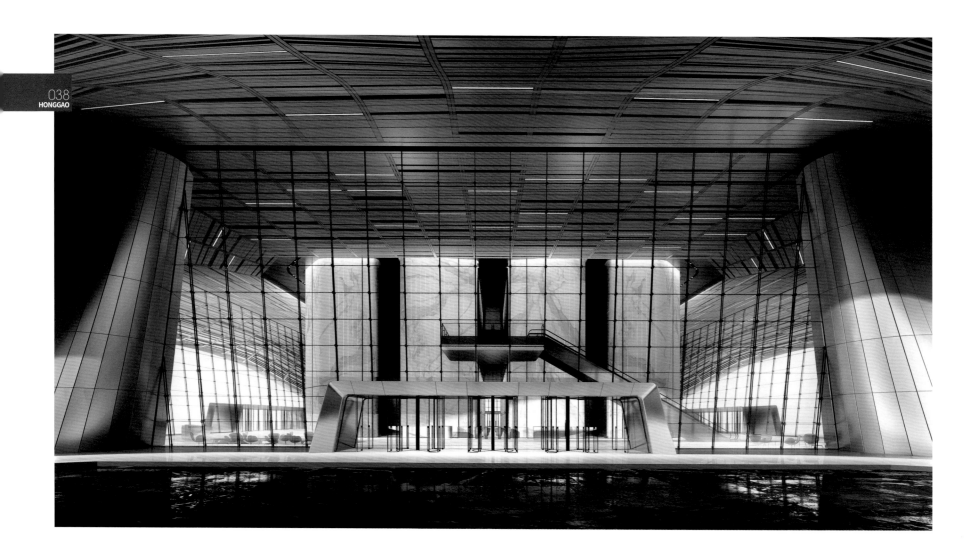

Hangzhou Internation Expo Center
杭州国际博览中心

杭州国际博览中心，G20 峰会的举办地，位于杭州市萧山区钱江世纪城。项目以简洁的设计手法将现代语言与传统的文化形式加以融合，构筑了具有中国江南风格和现代审美特征，具备智能化使用功能的接待与会议空间，彰显博大、舒缓、含蓄、俊秀的江南气质。

设计特点

随着二十国集团 (G20) 领导人第十一次峰会于 2016 年 9 月 5 日闭幕，杭州 G20 峰会会议中心从一亮相就吸引了国内外的目光，博览中心以创新的中国风、浓郁的江南韵、高端的国际范儿迎来了全国乃至全世界的聚焦。

杭州国际博览中心作为国家级的重点工程，又是接待各国领导人的特殊场所，它的室内空间承载着太多的希望与诉求，其意义已经远远超出一般情况下的室内空间。上升到国家层面，一切都具有了政治意义。国家层面的大国风采、地方层面的地域文化、制作层面的巧夺天工，都需要在设计中充分展现。

以"中华之威仪，江南之俊秀"为主题，以"展泱泱中华风范，现江南人文精粹"为主旨，"水墨中国"这一贯穿始终的设计理念得到了完美的诠释，展现在众人的面前。

048
HONGGAO

CHINA G20
CHINA HANGZHOU
中国杭州2016 FOCUSING ON HANGZI

FORUM FOR INTERNATIONAL
ECONOMIC COOPERATION

CHINA HANGZHOU
中国杭州2016

功能空间

接见大厅

四梁八柱的结构形态是对传统建筑的一种演变，同时形成富于仪式感的空间序列。在中轴对称的格局中，两侧的铜花格镂空墙赋予了空间浓厚的中国味道，米色亲切典雅，古铜色沉稳庄重，传统语言与现代手法在此碰撞。

华蓬·汇
舍南舍北皆春水，但见群鸥日日来。
花径不曾缘客扫，蓬门今始为君开。
盘飧市远无兼味，樽酒家贫只旧醅。
肯与邻翁相对饮，隔篱呼取尽馀杯。
——杜甫《客至》

观天下

仰则观象于天，俯则观法于地……

——《周易·系辞下》

午宴厅

午宴厅为直径 60 米的球形建筑，面积约为 2500 平方米，高度为 23.5 米。通过"宇宙苍穹"的装饰手法，突出"观天下"的主题。穹顶正中为星空景象，点点"星光"示意着十二星象的位置。中环以自然天光照亮室内空间，外环为五圈闭合叠加的水墨山水长卷。

周边的 12 根风柱代表 12 个月，仿玉色木纹铝板及纹样采用中国"如意"装饰元素，均匀环绕在周围，恰到好处地形成内外空间的过渡。

图案中心及大边花采用宝相花纹样，有着瑰丽豪健、丰润饱满的造型特点，传达出庄重、沉稳的美感和神圣不可侵犯的文化内涵，与本次会议相得益彰。

地毯图案底纹创意由西湖湖面演化而成，"水面"波光粼粼、虚实相生，体现江南之秀美。四边选用杭州市花桂花和国花牡丹等花卉纹样组合而成，喻示友谊长存、国家昌盛。

仙乡·憩
炎昼永，初夜月侵床。
露卧一丛莲叶畔，
芙蓉香细水风凉。
枕上是仙乡。
——朱敦儒《望江南》

贵宾休息室

地毯的设计灵感来源于宋锦的祥云图案，"祥云"的文化概念在中国有上千年的时间跨度，是具有代表性的中国文化符号。在古人看来，祥云是吉祥和高升的象征，是上天的造物。云气神奇美妙，引人遐想，云天相隔，令人寄思无限，其自然形态的变幻具有超凡的魅力，借此表达"渊源共生，和谐共融"的盛世景象。

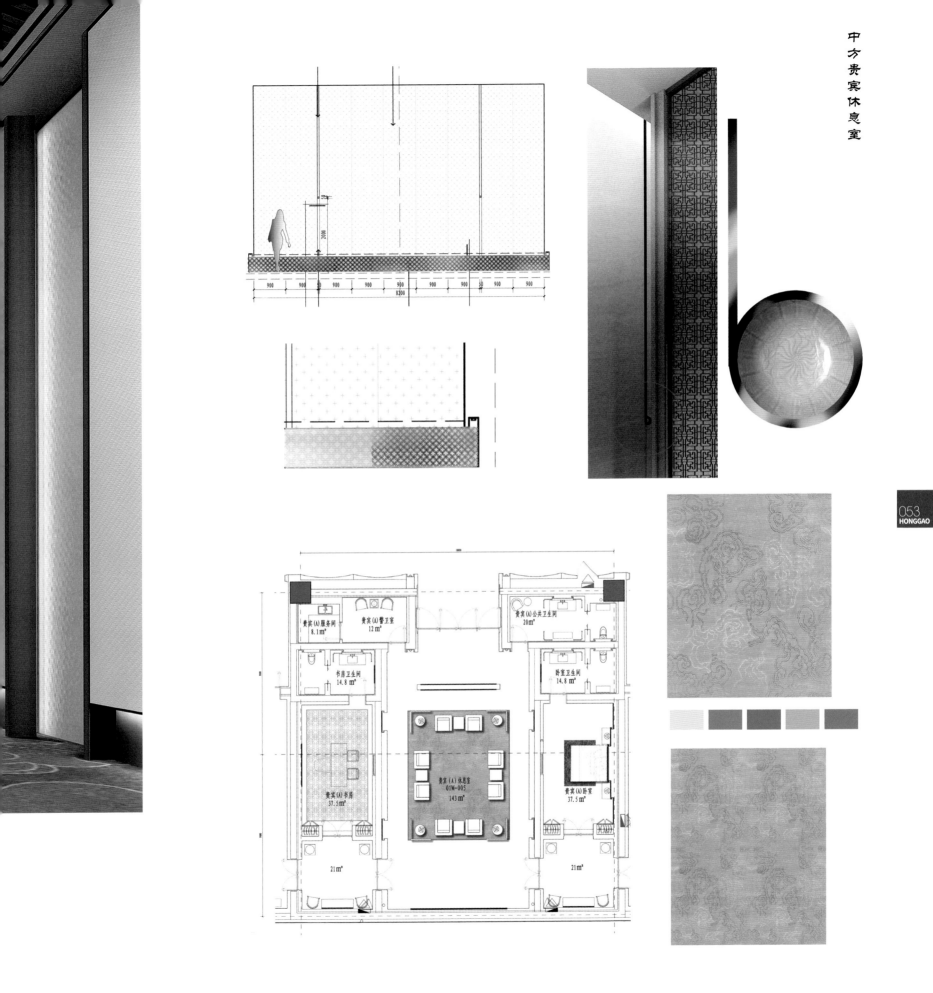

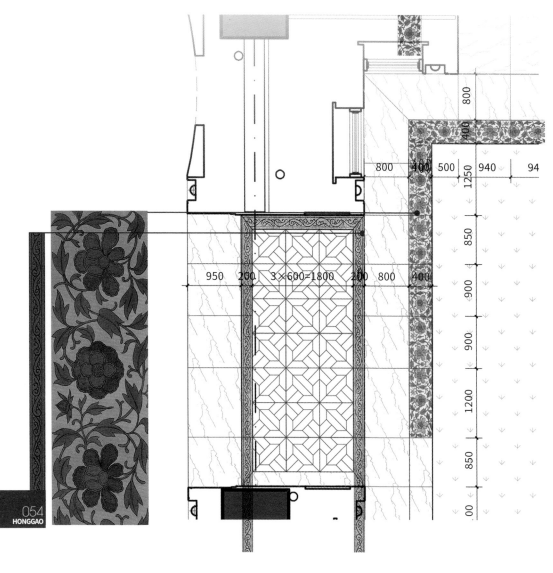

山海·聚

志合者，不以山为远；道乖者，不以咫尺为近。
故有跋涉而游集，亦或密迩不接。

——《抱朴子外篇·卷三十八·博喻》葛洪

D. 地面地毯图案细节

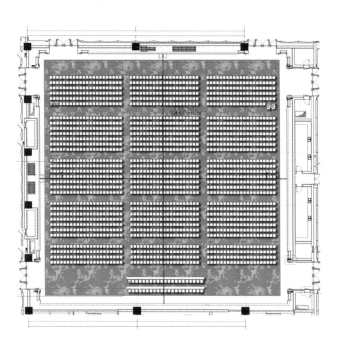

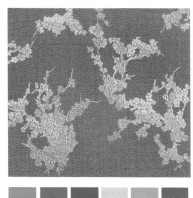

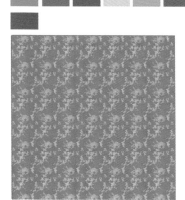

宣传厅

高大沉稳的雕花门，暖色灯光映衬下的铜屏风，
简练挺拔、气势磅礴的墙面，工艺复杂精致的
藻井吊顶，天光倾泻而下，洒在精美的地毯上，
犹如蓝绿色水面飘落了金色的梅花，尽显江南
水乡之意境。

东方·论
东方欲晓，莫道君行早。踏遍青山人未老，风景这边独好。
——毛泽东《清平乐·会昌》

会议大厅

以简洁的设计手法将现代与传统的文化形式加以融合，构筑了具有中国江南风格、具
有现代审美与使用功能的接待与会议空间，彰显博大、舒缓、含蓄、俊美的江南气质。

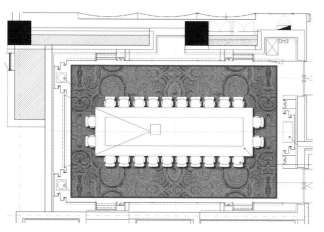

小会议室

"卍"字纹无头无尾，恰似中华传统文化中太极图的无始无终，是一种无终始、无起止的绵延状态，是生命生生息息永无休止的象征，寓意无限循环的宇宙。

在色彩与材质的选择上，墙面选用了米色系石材或木纹铝板，地面以米色石材搭配部分灰色石材。顶面采用白色微孔吸声铝单板。在蕴含"水墨中国"意味的同时，实现了功能性与视觉节奏感的完美融合。

从北京 APEC 的"汉唐飞扬双展翼"，到杭州 G20 的"廿国共宇同坐轩"，北方的开阔豪迈与南方的温婉柔美在空间旋律对比中相互交织印证，共表中华韵，共谱建筑空间的辉煌乐章。

Lianyungang Cultural Center

连云港文化中心

连云港文化中心位于市行政中心对面，占地 3 万平方米，建筑面积 37700 平方米，是目前苏北地区设计最先进、设备最完善、综合条件最好的综合性文化艺术娱乐中心之一。艺术中心内设大剧院、音乐厅、多功能厅、数字电影城、演出服务中心、贵宾室、化妆间及办公区等活动区域，每个区域都按其功能和需求配备了一流的设备，为各种演出和大型会议提供了优越的使用条件。

设计特点

连云港文化中心的设计以人的需求为根本原则，在室内设计过程中，将视觉传达创意理念语意和设计形态融会贯通，集文学、美术、音乐、摄影、雕塑、书法、视频、动画和现代科技于一体，以时空环境设计的造型、色彩和材质为表达工具来阐述设计主题，从而满足人们对空间功能和审美方面的需求。

作为新世界文化城的文化中心，连云港文化中心是一个具有浓厚艺术氛围、展示深厚文化内涵的人文公共活动空间，展现了空间与场地的规划艺术，是人与人、人与物、人与世界之间彼此交往交流的场所。文化中心的空间结构，是科学和艺术的结合，架起了与文化信息世界沟通的桥梁。

文化城的内装设计对自然的线条元素、块面元素进行抽象和提炼，这些元素或化作剧院墙面起伏的皱褶旋回，或化作共享空间悬浮于半空的光带、自下而上的球面与水平方向的曲廊，或化作融入多功能区前厅休息区的曲线形休息座椅。这些设计手段在充分满足使用功能的前提下，着重渲染了建筑内部空间浓重的功能性氛围，赋予空间更为丰富的艺术感染力。

运用色彩来表达创意，通过色彩碰撞进行视觉传达。色彩具有的独特吸引力和诱目性可轻松营造情调和气氛，创造出意境和新奇感。使用标识色及其延伸色作为基调，使内部空间形成一种非常和谐统一的、有别于其他空间的视觉环境。封顶的色调黑白分明，配搭白色冷光的吊灯之后，艺术效果油然而生，打破了传统的整体覆盖式吊顶，显得格外别致、简单、大方而不失美感。

透光顶棚、曲面展墙、玻璃地台……对这些元素进行无限制的分组编排，按照重复渐变等构成手法拓展，形成了统一而多变的空间形态。

室内设计简洁大气，沿用了以往以标志为建筑设计形态、富于高科技感、多用弧形曲面的表现方式，设计手法更加成熟，更趋于国际化。曲面与斜线造型和门相互交错，通过白色和原木色富于亲和力的色彩衬托以及光影的交织，给人一种超强的视觉亲和力。

网状的菱形交叉规则简洁，有种让人无法猜透的规则感和气势雄伟的力度感。走道墙面彩色的背漆玻璃与结构圆柱子面层水泥艺术漆完美结合，给整个走道区域增添了艺术气息，使走道变得更加动感。

一切美丽的形和色都通过光线来传递，满足基本的视觉辨识要求。为强调展示空间本身的设计风格和特色，采用了隐蔽式灯具。

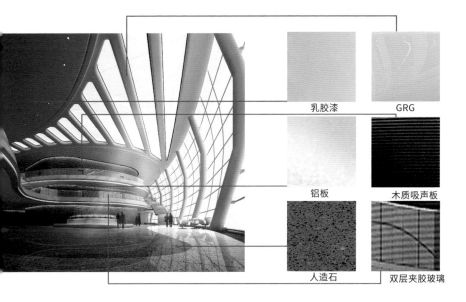

乳胶漆　　　GRG

铝板　　　　木质吸声板

人造石　　　双层夹胶玻璃

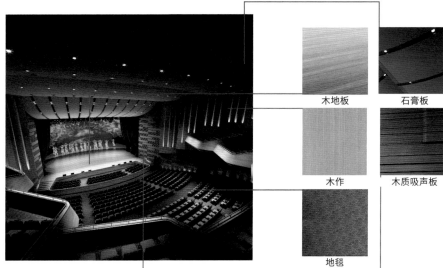

木地板　　　石膏板

木作　　　　木质吸声板

地毯

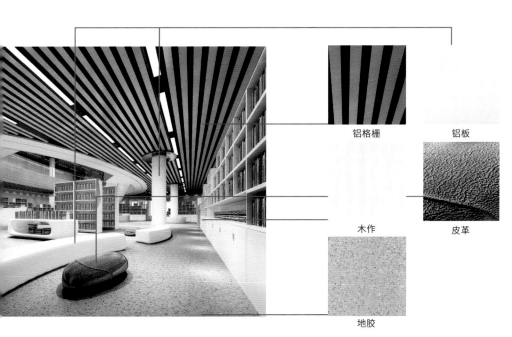

铝格栅　　　铝板

　　　　　　皮革

木作

地胶

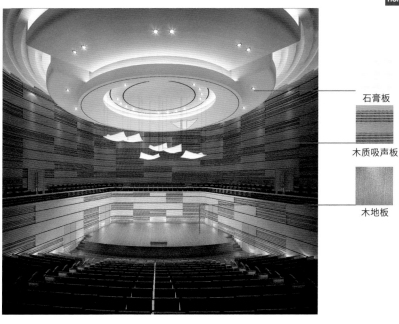

石膏板

木质吸声板

木地板

剧院前厅

入口前厅也就是俗称的"大堂"，是大剧院独具魅力的主要空间之一，它模糊了室内与室外的界限，借助大面积的玻璃与室外景观使内外交融。室内延续建筑外观灵动流畅的设计风格，以充满视觉张力的做法来处理墙面、顶面及廊道，构成功能交织、景观渗透的动态空间，成为观众在欣赏演出之前感受艺术氛围的场所。这种桀骜不驯、充满激情的空间设计理念，完全摆脱了以往的传统做法。地面为深色与暖色大理石，形成颜色差异，与空间形成对比。墙面大面积木色材料为木纹铝条，顶面为玻璃纤维加强石膏（简称"GRC"），该材料可塑性强，能形成自由曲面，且具有较好的强度及抗冲击力，不易变形，无污染。无论是 GRC 还是木纹铝板都属于 A1 级防火材料，在公共空间使用完全符合消防规范要求。

剧院前厅包括入口前厅和多功能厅前部休息区等公共空间。出于建筑功能性需要的考虑，该空间贯通建筑首层、二层和三层，让阳光可自上而下穿过透过光屋顶照耀首层地面。跨越三层的共享空间，抵挡了太阳的直射，不仅减少了建筑的能源消耗，而且突出了剧院的高大体量和主体性地位。

前厅公共空间的设计总体简约而低调，以剧场原木色的圆球形和弧形为设计中心，周围辅以白色调的石材和金属板，加上通透的玻璃，显得温和而优雅。

半空中穿行的线条，如一条长龙宛然延伸，在平静与朴素中注入活力与能量。地面石材用曲线做分色处理，静态的流动与空中条带造型穿越的动感上下呼应、一气呵成，宁静中赋予人无限的畅想，共同奏响文化中心共享空间的主旋律。

剧场

剧院的入口门厅延续了公共空间的设计风格，色彩以灰白色为主，通过剧场外围的玻璃曲面，组合形成优美的韵律，使整个空间显得明快、安静，富有强烈的时代感。

歌剧院是一个兼顾演出和会议的多功能大厅，剧场空间错落有致，采用大平台设计，强调作为主体建筑空间的主导地位和高大形象，营造优美的共享艺术空间。在设计风格上，室内外协调统一。在剧院内部空间，大厅强调大的体量变化，主台区的台口与顶棚的折板层叠相连，

台口造型自然而然向外延伸，融入观众座席区，自然意向与整个剧院空间浑然一体。

顶棚如波浪般起伏，紧贴建筑的斜面体向剧院后方过渡，墙体上的斜面木饰面和雨线强调了导向性，满足了剧院的声学要求，同时体现了文化艺术中心的特色。

剧场主要材料为木饰面吸声板，以暖调木色和灰色为主色调，造型上突出层次感的同时考虑声学效果。整体效果简洁大气，彰显现代剧院的魅力。

图书馆二层入口前厅的整个空间通过采用不同材质对比来表现。入口顶部采用弧形石膏板加灯带,与建筑相呼应;内部空间采用木纹铝条格栅结合石膏板,前厅与内部空间以黑色石材分割并合理地把两边的背景墙、防火卷帘整合起来,强调了对空间功能与形式的塑造;地面采用黑色石材与灰色石材对比分割空间,整体空间大气、稳重、安静、温馨、舒适。

图书馆二层咖啡书吧采取一种比较现代、明亮的设计风格,顶面采用深色的铝格栅,与整体空间颜色的深浅搭配。局部配以落地灯及颜色活泼的沙发,使读者既休闲又能感受到文化氛围。

图书馆二层书店位于图书馆入口中厅的中央位置，整体色调以白色为基调，以鲜明的色彩作导视，视觉效果鲜明，现代感、时尚感强。书店周围设置长方体书架，具有高低错落的韵律感和趣味感。

儿童有着超乎成年人的色彩敏锐度，故此在设计上着重凸显色彩的冲击感，并注重桌椅、书架的趣味性、舒适性以及安全性。

借还书处的设计简洁大方，简洁的
直线条贯穿整个空间，不失韵律，
墙面的木饰面有防撞功能，顶棚和
地面的设计可以完美地吸声降噪。

顶棚强烈的线条感时尚大方又不失
细节，且结合了白炽灯具，白色乳
胶漆墙面干净整洁并形成了点线面
的完美结合；木色书柜打破了整体
的规律，使整个空间更加接近自然，
让人不经意间产生休闲小憩、坐下
来读一本书的想法。

动感的曲线造型结合灵动的音符和旋律，为一场音乐盛宴打造独特的艺术空间。运用接近自然的材料，凹凸有序地排列组合。各种灯光效果虚实结合，让空间随着音乐时而富于激情时而平缓，空间内动感的造型更是平添了艺术气息。

现代都市的紧张工作与繁忙生活令人需要恢复身心平衡，所以缓解压力的场所至关重要。故演艺吧以美观、大方、实用、时尚为设计理念，大量采用木作巧妙地进行吸声处理，顶面采用波浪设计以具备更好的反弹声音的效果。

此空间为休息区，同时也作为小型讨论会的场所，采用简洁、新颖的手法进行设计。顶面延续了
一层的感觉，地面地胶有降噪效果。休息区与其他空间之间采取一种设计感较强的双面书柜结合
玻璃隔断，为空间添加了不少色彩。

图书馆在色调上运用较稳重的黑、白、灰及米色，不会过度吸引读者的注意力，而是着重引领读者体验"窗前的明媚阳光"及"历史的传奇与厚重"这种身心的双重洗礼。

图书馆内设计延续了外部的灵动性，木色材料顶棚与黑白灰穿插，形成强烈的对比，产生视觉冲击力。顶棚采用铝条栅，起吸声降噪的作用。顶棚的分割形式跟随建筑柱距，分割得恰到好处，更加体现了创新、科技、环保的设计理念。

VIP 阅览区满足阅读需求的同时又不乏舒适性，地毯和弧形书柜对空间进行分割，使读者有相对舒适、安静的阅读空间，彩色家具的点缀能消除读者的视觉疲劳。

报告厅的设计首先考虑吸声功能，硬包与铝板的结合再好不过。墙面的硬包和顶面铝板有完美的吸声效果。木色较温和的色彩适合长时间的会议而不会使人烦躁。

艺术展厅空间设计注重空间分区，方便艺术画与其他艺术品分区摆放。白色基座的玻璃展柜不会因色彩艳丽而夺人眼球，而且白色更能充分展示艺术品的本色。条形灯具的选用与顶棚造型融为一体。休息区的艺术家居更是为空间增色不少。

培训教室顶棚采用矿棉吸声板与石膏板，吸声性能更好，整体效果现代简洁。灯光配置为空调风口照明和空调一体化，使顶棚简洁美观。采用 T5 灯管，高效节能，低耗电，使用寿命长。

First Affiliated Hospital Of Zhengzhou University

郑州大学第一附属医院

项目位于郑州市郑东新区北三环路（以南）与龙湖内环路交叉口处，鑫睿路以东，龙湖中环南路以西，龙翔六街以北。建筑面积 740365.30 平方米。

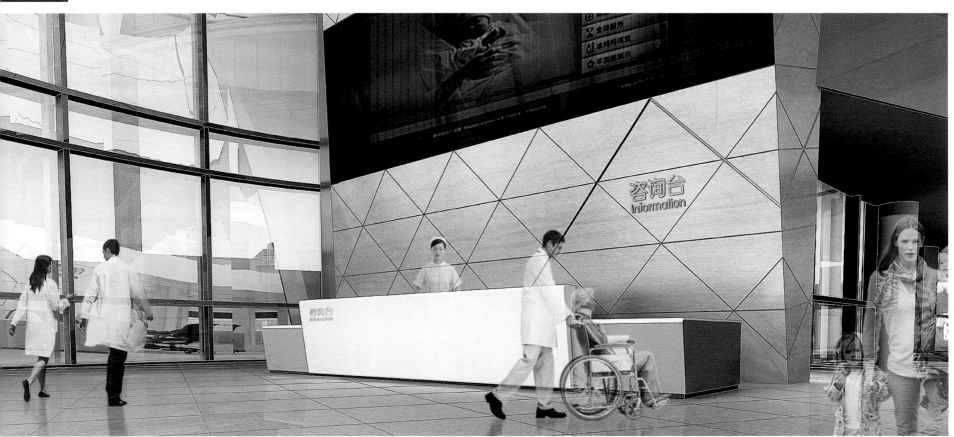

设计特点

郑州大学第一附属医院的室内设计融合其"厚德、博学、敬业、创新"的经营理念，打造现代化、国际化、人性化、信息化的国际一流医院，创造了安全舒适的就医环境，使患者在医院得到温暖和安慰，满足被尊重与关爱以及获得归属感等心理需要。

医院的室内设计以简洁的造型来表达丰富的内涵。简洁的设计不侧重造型元素的复杂，而是采用满足医院使用功能的最简单流线来形成空间，用简洁的材质组合来实现视觉的丰富性，营造出或让人精神振奋或给人情绪安慰的环境。

设计充分体现针对三个群体的"以人为本"的理念：患者——需要一个良好、宽松的就诊环境；医院的医护人员——需要一个便捷、舒适的工作环境；医院的管理者——需要一个以有限的投资获取最大的回报，以及便于有效管理的医疗空间。

门诊大厅

整体风格简洁，线条流畅，不做过多装饰，以着重体现功能与空间的和谐为主要目的。公共区色彩以安静素雅的白色、灰色、木纹色为主，灯光设计也做了防眩光、照明均匀度、色温和房间内外照度差异等方面的考虑，灯具照度均匀，与诊室等房间的灯光色温和照度协调，人出入房间不会产生视觉不适感。

门诊治疗区与病房区需要相对私密安静的环境，装饰材料选择具有降噪功能的软质地面材料——PVC地胶，以及易清洁的金属铝板。墙面多以树脂胶板等人造材料为主，耐磨防撞，结合可擦洗的乳胶漆墙面，经济、美观、舒适度高。

医院的环境对患者的生理和心理有着特殊的影响，可以缓解疾病给患者带来的痛苦和焦虑，改善患者的心态和情绪。医院的整体设计必须遵循并符合对治疗性医院环境的要求。医院的社会环境、物理环境与生物环境都应在调节与控制下，以符合医院环境的特性。

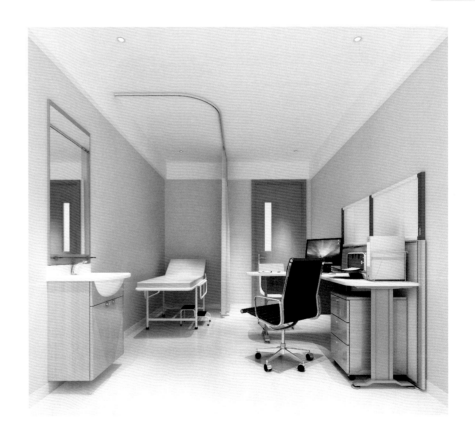

——在设计理念中体现了"以患者为中心"的主题。

——通过建筑装饰设计突出了"人性化服务，数字化医院，生态化院容，创新化科技"的现代医院的品质。

——严格遵照"洁污分流，医患分流"的设计原则，符合现代先进的医学功能流程和工艺要求。

——建筑及内装风格大度而内敛，明快又不失庄重，为所在地区树立了崭新的医院建筑形象。

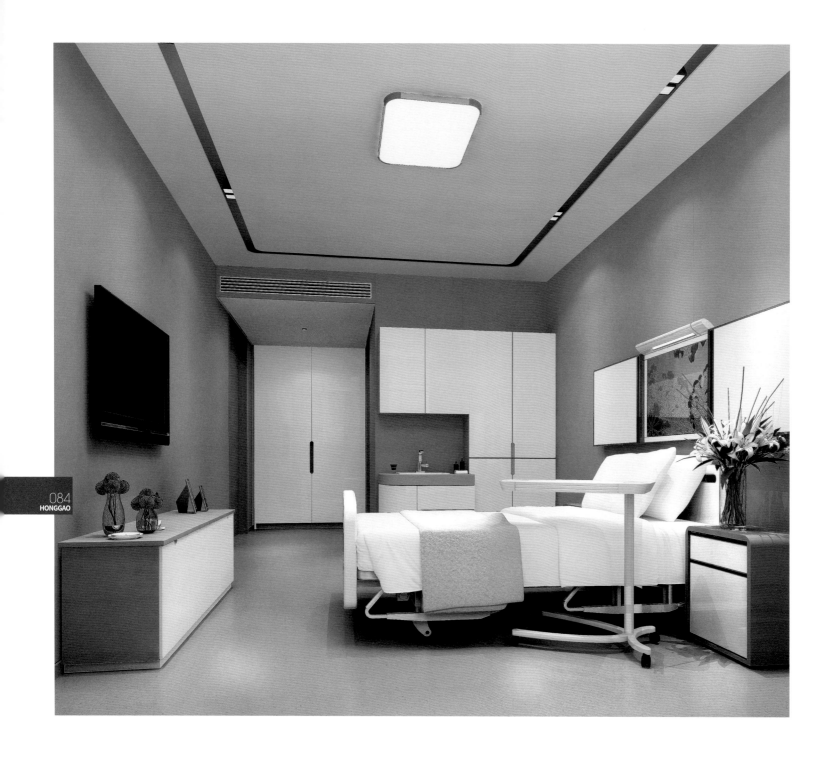

大厅室内采用大空间的设计手法，用材上选用较为高档、简洁、耐用的材料。在空间设计上追求温馨和亲切感，淡化患者患病的感觉，营造回家的气氛，从而避免患者对医院产生恐惧感。

候诊厅、休息厅、高级病房、专家诊室、贵宾室等中小空间则借鉴小尺度、具亲和力的设计手法，在材料色彩上选用较为温和、体现温馨感的配色方案。通过有情感的设计营造一个充满阳光、空气和富有生命气息的医疗空间，使患者有"家"的感觉，心情平和地接受诊断和治疗。

住院区

住院区的平面布局设计能够有效分流患者与医护工作人员，确保住院患者可以得到最安静的养病环境。

每所医院都拥有自身的文化底蕴，要把医院悠久的历史和现代的文化理念以及医院精神通过室内设计展现给外界。营造文化氛围的室内设计结合医院的 CI、VI 设计组成了医院形象的立体设计，这是对医院内涵最简洁、最有效的展示，使患者增添了对医院的了解和信任，也缩短了患者和医务人员的心理距离。

色彩可对患者产生心理暗示，从而达到色彩治疗的效果，可使患者身心舒适，有利于恢复健康。在色彩设计过程中，避免使用医疗色系中的禁忌色。色彩分层设计，根据楼层、科室不同而有所不同。色彩、色调与标识系统相呼应，体现和区分不同功能的医疗区域。

公共空间

公共区域作为辅助性空间,分布于建筑的前侧,在功能上起着重要作用。由于主要用于接待,因而设计既要考虑空间的正式感和庄重感,同时也要兼顾舒适性。大接待室的顶棚采用一组条形吊灯,围合出会客的场所感,墙面采用大尺寸的玻璃饰面,彰显空间的气势。

材料选用上注重防撞、抗菌、耐擦洗等特性,功能需求与装饰效果兼顾考虑;造型简约明快、大气爽朗,给人豁达且不失温馨的感受;细节处理上,注意减少造型的凹入沟槽,墙面阳角转折做圆弧倒角处理,满足了医院这一特殊功能空间抗菌、少积尘、防尘的要求,注重使用者的人身安全,减少潜在的安全隐患。

Kunming Dianchi
International Convention
and Exhibition Center

昆明滇池国际会展中心

昆明滇池国际会展中心位于昆明市主城区南部，紧邻滇池景区。环湖路穿过基地，横跨滇池三个半岛，占地约 540 万平方米。环球 Mall 位于会展中心主展馆的南部，是连接中轴风情小镇与主展馆的重要过渡服务性区域，总面积约 100 万平方米，使会展中心整体形成一个高两层的环形区域。环形商街内圈周长 723 米，集餐饮、娱乐、休闲于一体。区域内空间层次丰富，留有充分的挑空区域，适于打造富于变化的商业空间。

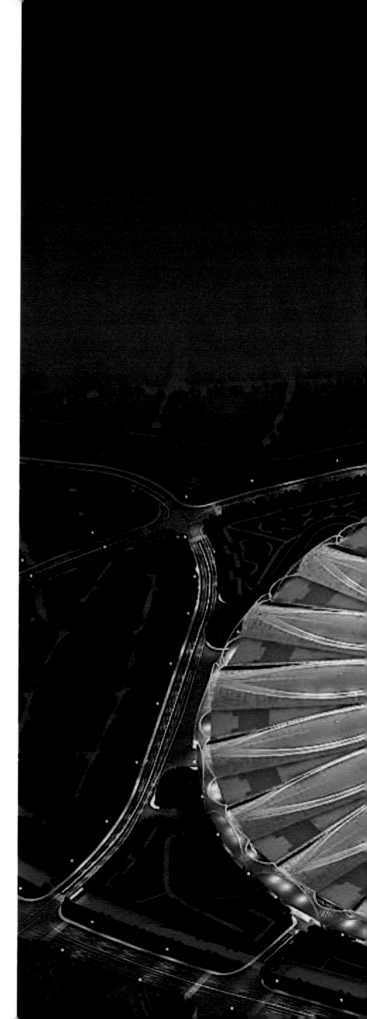

设计特点

以"回归自然、人文艺术、情景体验"为理念规划了"一轴、三区、十八点"的空间结构，打造体验式商业，串联起会展中心各个功能区域。

项目中的"一轴"即生态景观轴，在室内空间中营造绿色生态、花园式购物商街，让顾客充分体验"春城"昆明的绿色气息，离开城市的喧嚣，回归大自然的怀抱，塑造自然怡人的购物环境；"三区"即位于项目区域内的环形商区、入口门厅过渡区及室外环廊外摆区，丰富了商业形态及层次；"十八点"即 18 个情景体验点，环型通道内的 18 个中庭围绕 18 个云南特色主题进行设计，将特有的人文艺术元素和符号应用到商业设计中，打造富有风情的购物环境，通过设置具有云南文化特色的创意情景点，提高商业文化性和艺术性。

中庭主题之——鸟鸣花谷

以自然梦幻为整个空间的基调，顶部的工艺吊灯美轮美奂，垂帘别有风味，营造了温情与浪漫的氛围。地面铺设米色石材，并以调色地砖修饰。本着时代精神和美观的原则，注重对材质和美学价值的把握，尽可能多地使用现代而又高雅的优质材料，把高级材料用在重点空间的关键部位，通过精心设计和配置来体现其美学价值。

中庭主题之——奇艺地貌

在设计过程中将自然、人文、建筑本身等各种元素组成一种新景观，借由现代设计理念使之成为都市新兴的文化景观，创造一种新的生活体验，营造高雅、时尚、前卫、舒适的消费空间。

地面的地砖，墙面的壁纸、陶瓷锦砖以及温暖的色调烘托出幽雅、灵动的氛围。再加上现代设备的配置，展现了现代时尚的景象，绿色植物则给空间增添了几分生机。本设计中光不仅仅只有照明的作用，而是空间造型和表达的一个重要元素。为摒弃照明的平庸与直白，根据不同的功能和作用将光源分成多种类型，结合平面布置、立面造型、顶棚形式及其材质选用不同的照明方式、灯具、光源色彩、照度等，以达到灯光与空间融为一体的最佳表现。

中庭主题之——异域缤纷

整个空间活泼、跳跃、流畅。效果灯把中庭空间按不同需要交织成多样的图画，构成各种灯光背景，通过设定的色块基调，经由各类光的混合及色块的应用，达到理想的空间效果。使其除了满足传统意义上的休闲区特征外，也综合了一些时尚、具有特色的酒吧氛围，从而满足各层次顾客放松心情的需要。

All-China Federation of Trade Unions Hainan Labor Model Nursing Base

中华全国总工会海南劳动模范疗养基地

项目用地位于三亚市南天农场，占地27.23 平方米，地势平坦，隶属于三亚市城镇体系总体规划，具体位置为沙牛坡水库南侧。项目环境优美，区位优势明显。北边为南田农场温泉旅游区及沙牛坡水库，西为白马岭，南为热带果园基地，东南距东线高速约两公里，西南距三亚市区约 25 公里。

设计特点

海南省三亚市海棠湾西部地势西北高东南低，西北侧傍山，疗养基地就坐落于此，拥有得天独厚的温泉资源、优美的自然环境。建筑群采用开合有致的设计手法，自然与人文有机交融，既中式又国际，既现代又典雅，具有一种舒雅大气的人文气质。

与海南众多海景酒店不同的是项目所独有的"空山新雨"的清新与安逸，可以将其理解为一种"胸怀"，呈现着一种"风范"。构筑一家成功酒店的因素不完全是依靠那些看得见、摸得着的"物理现象"，还要依靠文化、氛围、感觉、情绪和精神体验，这些精神追求往往会让酒店表现出一种与众不同的气质。这种气质在加强了客人自身尊贵感的同时，也博得了客人对酒店的尊敬与认同，让客人对这一临时居所产生归属感，这便是一家成功酒店所彰显的魅力与风范。

人类社会迅速发展，生活节奏飞快，人与自然的和谐共融成为一种真正的奢侈，人与空间的完善契合才是真正的奢华。因此，营造人与自然和谐共融的环境氛围，令室内外空间相互交融，以构筑一家成功的会议度假酒店，是此番设计的课题。酒店背山而建，地势开阔，安详、大气。艳阳午后，四周寂静、惬意，似乎可以"听"到山林里的花香溪语，刹那间一种"听山语"的闲情逸趣浮上心头，于是便有了项目的设计主线——听山语。

听: 悠然南山的自得，凝目，倾听……
山: 淡定从容的欢畅，高远，抒怀……
语: 空谷幽兰的空灵，深邃，养心……

"听山语"是生活状态与心灵高度的共融，也是人生的至高追求，于是酒店整体室内设计以此为主线，从空间、材质、色彩、气氛、配饰等方面去诠释、去思考。

功能空间

酒店接待中心

面积： 1670 平方米
功能分布： 接待中心由接待大堂、服务前台、大堂休息区、长廊、大堂吧、公共卫生间、商品中心、商务中心等组成
层高： 装饰设计最高点 1520 厘米，装饰设计最低点 770 厘米
材料： 主要设计材料为法国流金石材、意大利木纹石材、黑金纹石材、胡桃木木饰面、亚麻硬包布等

酒店大堂

大堂接待中心区域平面设计以接待中心为轴线，两侧基本呈对称排布，中间的接待区与休息区相融合，以增加气氛。顶棚以简单自然的造型和线条分割坡形顶面，以自然形态、天然材质的装饰灯具作为点缀，增加海南本土气息。地面石材拼花线条流畅又不失庄重围合之美。

酒吧

面积： 320 平方米

层高： 装饰设计最高点 550 厘米，装饰设计最低点 500 厘米

材料： 主要设计材料为火山岩石材、意大利木纹石材、藤编、亚麻硬包布等

全日制餐厅

面积： 900 平方米

功能分布： 全日制餐厅

材料： 主要设计材料为金蜘蛛石材、埃及米黄
石材、仿竹木饰面、亚麻硬包布等

酒店公共卫生间

层高： 装饰设计最高点 3680 厘米，装饰设
计最低点 3500 厘米

材料： 主要设计材料为法国流金石材、意大
利木纹石材、黑金纹石材、胡桃木木饰面、
贝壳马赛克等

体育休闲区 门厅

面积： 157 平方米
层高： 装饰设计最高点 1000 厘米，装饰设计最低点 700 厘米
材料： 主要设计材料为木纹石材、木饰面、特效漆、火山岩石材

体育休闲区 舞池

面积： 186 平方米
层高： 装饰设计最高点 4800 厘米，
装饰设计最低点 4000 厘米
材料： 主要设计材料为木纹石材、木饰面、
特效漆、火山岩石材

体育休闲区 棋牌室

面积： 40 平方米
层高： 装饰设计最高点 380 厘米，
装饰设计最低点 300 厘米
材料： 主要设计材料为灰木纹石材、
亚麻地毯、胡桃木木饰面、硅藻泥等

餐饮 / 会议区

餐饮 / 会议区的整体内装设计经过了对建筑形态、地理环境等方面的分析和思考，以及对室内设计应是建筑风格的延续和发展的充分认同和理解，在对建筑风格进行延续和发展的大前提下，保留了经典欧式风格的特质，摒弃了其繁杂的肌理和过多的装饰，与现代的材质结合，融入现代人的生活理念，结合建筑自身的特点和当地的人文背景，以现代的手法演绎西方文化的气质和精髓。

在整体风格协调统一的前提下，通过不同的色彩搭配、材质选择、造型处理、细节把握，营造出一个国际化、多元化的餐饮会议空间。使人置身其中时深刻感受整体空间大气、典雅、舒适、自然的氛围。

餐饮区的宴会厅在整体的设计构思下，将建筑外的元素符号精简组合，排列于空间中，并通过石材、铜饰与镜面的搭配烘托出整体大气、高贵、舒适的空间环境。餐饮区的

大宴会前厅注重公共区域与建筑设计语言的联系和统一，将前厅调整为落地的联排门窗，让人可以踱步到景观长廊，接触到、"呼吸到"室外真正的自然景观。地毯采用自然花卉景观主题进行创作，室内室外互相借景。

会议中区的设计延续主题，风格手法统一，略显稳重，主题壁画的设计营造休闲舒适的氛围。

中餐厅基于建筑设计对环境与建筑的理解，寻找室内与建筑、建筑与环境的高度统一。顶棚以简化的中式结构配合鱼篓造型灯具。地面铺海棠花抽象造型地毯，背景墙以海浪为原型。

温泉 SPA 养生区

温泉 SPA 养生区空间中的功能分区清晰、主次分明，大堂以水景为主的中心点与顶棚下的落鱼相呼应，体现温泉的灵动。大堂中心柱子两侧以精美花格栅衬托，与顶棚相接部以弧角的方式处理，并在柱体上附以铜质壁灯，使大堂中心区更加具有凝聚力。主服务台背景以弧形墙体呈现，中心点雕刻出动感的水纹肌理， 层次丰富， 水文化主题突出。

SPA 等候区将与走廊相接的墙体清空，改成通透性强的书柜及艺术品摆柜，形成一个特色书吧，空间中新增了水吧台，填补了服务功能的缺失。以蓝色水滴形成灯具主体，附以舒适的沙发，形成休闲且又宁静的空间氛围，让人们在等候的同时也有融入自然的感觉。

浴区部分由男女淋浴区、休息区、休息服务站、土耳其浴及户外温泉区组成，土耳其浴以白蓝色调为主，体现伊斯兰洗浴文化的同时又与东方文化相结合，空间中对位感分明，表现手法柔和，具有放松感，让人们在相互的思想交流中消闲时光，享受人生的无限乐趣。

SPA 休息区将水吧台改成圆形围合区，使空间氛围更加活跃，配以鱼群装饰品，与自然素材相融合，舒适放松。

在整体空间中引入烛台香薰、贝壳饰品、书籍等丰富的配饰品，使SPA 区更加富有休闲感、放松感。

标准客房区

标准双床房 150 间，标准大床房 115 间，大开间大床房 53 间，无障碍客房 2 间，景观套房 20 间，总计客房数 340 间。

标准客房区着重对大床房及景观房进行深化。平面布局部分，大床房设立书桌位，设置步入式衣帽间，且可以推门拉开，并将 Mini 吧置于入口边侧，卫生间采用落地式浴缸，并附以小装饰台，与外围汤池相呼应，总体空间动线清晰且流畅。

景观套房在原有平面基础上也进行了深化，由于入口处直对走廊端头，故将入口改成侧开，并在新的局部中增加步入式衣帽间、Mini 吧。卫生间的平面过于紧张，故将浴室设置为淋浴间并设置坐浴，留出至室外汤池的通道，此做法满足功能需求的同时又使动线流畅。

材料上以麻织壁布为主，地面采用哑光石材并附以当地特产亚麻地毯，深色亮漆家具上配以贝壳马赛克，丰富且细腻，并配以鱼形等海洋主题装置艺术品，使整个空间更加丰富。

泳池套房

泳池套房 8 间，双卧泳池套房 2 间，客房总计 10 间。

泳池套房对卧室的平面进行了局部调整，增加了衣帽间及 Mini 吧，卫生间采用落地式浴缸，并附以小装饰台，与外围汤池相呼应，总体空间动线清晰且流畅。电视机采用侧放形式，以便窗外景色透入室内，给人以拥抱自然的氛围。

整体设计风格为欧式新古典，色调上以青蓝色为主，注重细节收线，并配以精美壁布，使空间不仅具有典雅、端庄的气质，又有现代的工艺手法。在清新的氛围中附以欧式新古典主义家具，满足功能需求的同时又极富现代气息。带一些内敛，多一丝含蓄，不失张扬又流露出一种超然与雍容。

Peking University International Hospital

北京大学国际医院

北京大学国际医院坐落于北京市昌平区中关村生命科学园的北京大学医疗城内，是北大医疗城的旗舰项目，也是亚洲一次性建成单体体量最大的医院。医院由北京大学和方正集团共同投资兴建，以"建设国际一流医院，领跑医疗体制改革"为使命，是中国最大的由社会资本投资的非营利性医院。总建筑面积 44 万平方米，核准床位数 1800 张，一期建筑由门诊大楼、住院大楼、血液与肿瘤中心、感染疾病治疗中心、教学科研楼构成。此外，北京大学国际医院还拥有北京市硬件规格最高的停机坪，停机坪设在医院顶楼平台，病人到达后可通过液压梯直达医院三楼手术室，节约了从停机坪到病房的时间。

设计特点

医院设计依循北大精神，循思想自由原则，取兼容并包主义。通过严谨的设计思维和缜密的方案推敲，设计定位为打造现代化、国际化、人性化、信息化的，具有国际视野与人文情怀的国际一流医院。遵循现代、简洁、大气的设计方向，着力营造和展现亲切、温馨、人性化、博大、包容、进取、创新之面貌，创造国际化的医疗环境。

室内空间设计中融入了基于人文关怀的先进就医理念，从平面布局、功能区域划分、装饰造型和细部设计，到选材、设色，以及软装配饰设计和绿植搭配，各个环节无不体现出对医患人员的体贴与关怀。

平面布局设计中，医院主体建筑的整体设计呈倒"T"形，中间区域是医技部门，距离门诊、急诊、住院三大人流聚集区的距离均最短，确保任何一个位置的患者都"不用多走一步路"。

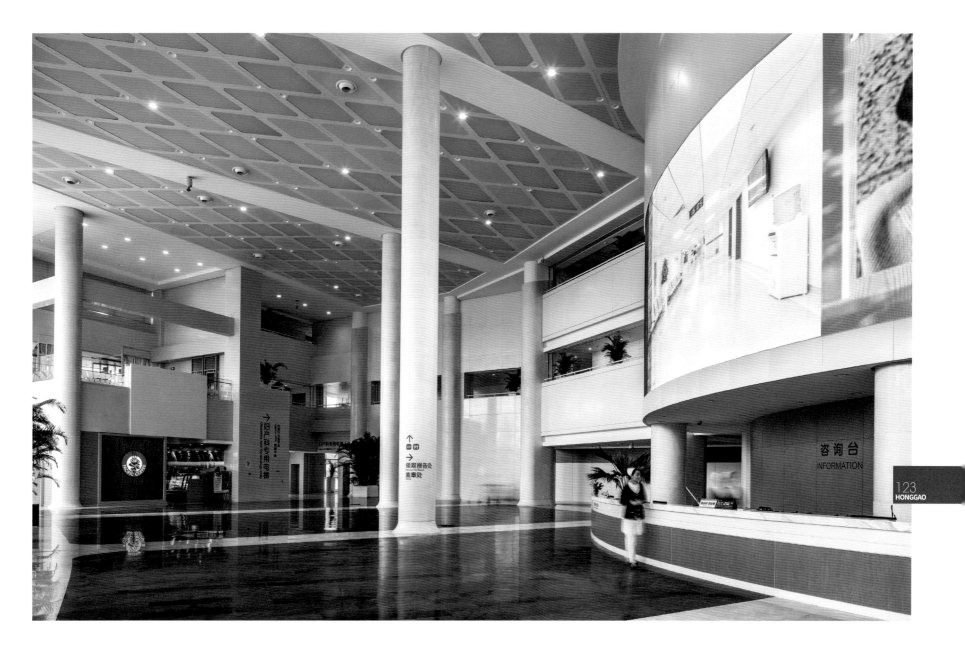

在设计过程中着力对多方面因素进行深入分析，充分考虑吸声、隔声、采光、照明、标识、导视等效果。设计选材上，注重选用防撞、抗菌、耐擦洗的材料，功能需求与装饰效果兼顾考虑。家具的选择也进一步配合室内空间设计，色调对比恰当，与室内环境协调统一，注重人体工程学，强调舒适性。同时室内整体设计注重与室外建筑的模数关系，做到室内外的关联与延展，综合提升设计的整体性。

色彩： 采用明快而舒缓的色调，营造了一个开敞明亮、洁净祥和的空间。主色系搭配优雅而沉静，平衡色彩，刚柔相济。

功能： 进一步对原建筑的室内平面规划进行了优化设计，重新规划医疗动线，使病患便捷就医。

艺术性： 在大厅及其他公共区域设置弘扬文化的展品，增加空间美感和亲和力，展示文化的博大精深。

安全及耐用性： 采用医疗空间保护系统，合理选用优质装饰材料，充分考虑墙体、柱面、门窗、地面耐磨、防撞、防磕碰的问题。

导视系统： 在合理的位置设置导视牌，导视设计与整体设计风格协调一致，规范导视系统，提高信息识别度，减少不必要的人员流动。

灯光照明： 考虑医疗空间的特殊要求，依据设计规范中对医院照明环境及灯具的要求进行设计。

咨询台 Information

功能空间

医技楼门诊大厅公共区域

公共区域色彩以安静素雅的白色为主，灯光照明选择防眩光的灯具，照度均匀，与诊室等房间的灯光色温和照度不能差异过大，防止出入房间产生视觉不适感。

为既能使人身处其中享受充足的阳光，又要降低能耗和便于日后保洁维护，室内采光设计仅保留了能观景的落地玻璃幕墙，适当封闭了弧形区域顶棚的采光玻璃顶板，以菱形金属板和膜结构相结合的吊顶形式，呈现了一个优美舒展的顶棚。温暖的沙滩色空间洁净而明亮，人们在这里接受治疗的同时可享受自然光和宁静。

门诊治疗区与病房区需要相对私密安静的环境，装饰材料选择具有降噪功能的软质地面材料和易清洁的金属铝板。墙面多以树脂胶板等人造材料为主，耐磨防撞，结合可擦洗的乳胶漆墙面，经济、美观、舒适度好。

特殊空间

整体设计风格统一,特殊空间围绕主题,凸显个性,富于变化。如国医科区域的设计运用深色木饰面、中式纹样木花格、传统建筑中常见的灰色、象征积淀深厚的米黄色等元素,配以传统中式风格的诊桌、诊椅等家具配饰,体现国医意味。产科病房区从病房到走廊到护士站,整体采用让人感到亲切舒适、平和宁静的浅米色色调。儿科病房区则大胆采用明快活泼的色调,配饰设计、导视系统设计中的卡通图案与装饰色调呼应,整个区域充满童趣,宛如游乐园,可有效缓解小患者在就诊过程中的紧张情绪。

在满足功能需求和保证效果的基础上,设计用心地秉承绿色节能的理念。充分利用了原建筑的玻璃幕墙、采光顶等室外光源,局部精心处理,既保证了室内空间的和谐统一,又保证了自然光源合理利用的最大化。大量减少室内照明的能源负荷,并选用了高效节能的室内照明灯具。整个设计方案从功能到效果,从整体到细节,表达了锐意创新、节能环保、人文关怀的理念。

Tianjin Yujiapu Financial District Commercial Complex

天津于家堡金融区商业综合体

本项目作为现代化办公楼，室内精装修设计"以人为本"，考虑其适用性与舒适性，倡导绿色节能的概念，强调办公建筑的定位，室内环境设计以建筑设计理念为基础，风格与建筑风格相统一，装修设计风格大气稳重、现代简约，室内空间构成主辅分明、开放灵活。

设计特点

项目周边城市规划格局鲜明，环境优美，道路畅通，极富现代意识，适宜商业发展，从而为大楼的营销经营和设计定位提供了优良的先天条件。

项目作为现代化商业建筑研发，强调商业综合体的定位。延续建筑设计理念，在满足空间功能需求的前提下，室内运用现代、简约的设计语言，体现建筑空间的时代特质。

在彰显个性的当今社会，使独特性与国际化这二者相辅相成、完美融合，是本次空间设计做的一项尝试。从独特的地理气候条件、文化传统、习俗以及建筑本身的特征等方面进行挖掘，使其成为设计的灵感源泉，从而形成建筑的特殊文化品质，带给人更多的愉悦和深层的享受。

色彩在空间中的运用提高了路线的可识别性，并强调了形体本身及形体与形体间的穿插和对比。以黑白灰作为主基调，辅以彩色和独立色，设计构思强调新颖、突出现代感。

材质的选择上，多用能凸显现代感的不锈钢板、玻璃、石材等装饰材料。简洁明快的室内空间，用通透的分隔墙组成流动且遥相呼应的室内空间组团，通过透视上线的重叠以及人在室内空间移动行走过程中形成的不同视角消失点，同时可见多个空间比较，而且随着位置的挪移、视角的变化，各空间互相紧扣，相互关联顾盼，形成趣味横生的空间层次。

以大面积的白色材料为背景和依据，简洁、高雅为材料的共同特点，玻璃、不锈钢、石材……不同的材质在空间中综合运用，不同的机理形成有节奏的韵律感。

功能空间

办公大堂

办公大堂整体上采用简洁明快的设计手法，突出其庄重、沉稳而且灵活的特点。装饰上采用对称布局，具备东方式的审美和政府行政会议办公空间庄重稳重的特征。主色调为暖色，灯光的设计力求舒适、自然，可通过电脑控制灯光的强度，以符合光学要求。顶棚造型采用由线框组成的几个大的发光体块，强调庄重感，简单明了；墙面采用大体量的方框，与顶棚协调统一，创造出稳定的设计感。

混合大堂

混合大堂考虑到建筑的功能适用性、智能化，设计时将设施的现代化以及空间形象的国际化作为第一原则，这直接影响到室内设计对平面的调整、流线的组织及主要造型、色彩的设计及定位。建筑内部功能复杂，因此保持建筑内部空间的有序统一非常关键。这表现在对各种不同空间概念的区分与确定上以及对装饰形式的适度把控上，不因附加过多装饰而影响空间的层次秩序。建筑主要空间设计风格互相渗透、自然过渡，造型主题保持连贯、统一，形成一脉相承的独特性。

商业大堂

商业大堂室内设计在满足空间功能需求的同时也兼顾了美观性，与整个建筑室内空间保持一致。

顶棚发光部分呈三角形不规则排布，在细高圆柱及柱端斜拉索杆件的配合下，恰似挺拔树干枝丫上的繁茂叶片，阳光透过枝叶，洒下一地斑驳，浅色地面刹那间成为任由光影挥洒的画布。玻璃石材墙面陶瓷锦砖的排版方式，体现了高雅的品位，另富有一番韵味。色泽深浅不一的石材在墙面错落分布，与顶棚的不规则透光块面产生共鸣，诉说着同样的主题。在无数光带和一缕缕阳光的映衬下，整个大堂空间熠熠生辉。

Chengdu New Century
World Center

成都新世纪环球中心

新世纪环球中心位于成都高新区天府大道与绕城高速交汇处、成都南部新区大源组团内，地处成都市中心向南发展的核心区域，占地面积约 87 万平方米，是四川省、成都市两级政府确立打造的世界现代田园城市的重大项目。

项目主体高度约 100 米，总建筑面积约 176 万平方米，地上建筑面积约 117.6 万平方米，地下面积约 58.4 万平方米，分两期进行建设。一期包括天堂岛海洋游乐园、酒店、餐饮娱乐休闲区、商业与办公、中央广场、中央公园及地下商业、停车场，二期包括商业、办公及地下停车场等。

设计特点

项目主体建筑以"流动的旋律"为设计创意理念，以"海洋"为设计主题，衍生出"飞行之海鸥、漂浮之鲸、起伏之海浪"的建筑形态，创造出内陆城市"海景风情岛"的娱乐休闲空间。

建筑主体以海蓝色为基调，全通透玻璃幕墙配以纯色调装饰构件，白色飘板将起伏的建筑体衔接成整体，散发浓郁的亚热带海滨城市气息。

功能空间

天堂岛海洋乐园

新世纪环球中心由五大区块组成，包括天堂岛海洋乐园（25 万平方米）、新世纪环球中心·中央商务城（约 72 万平方米）、洲际皇冠假日酒店（逾千间客房）、地中海式风情商业小镇。

天堂岛海洋乐园占地约 8 万平方米，建筑面积 25 万平方米，将一个完整的海边小镇复制于玻璃建筑体内。乐园由造浪区、汤池区、游乐区、美食广场、洲际酒店五大区域组成，可同时容纳万名游客，是一个高品质的室内水上乐园。

天堂岛海洋乐园内超过 150 米宽、约 40 米高的高科技巨幅超高清 LED 屏投射出大海的影像，在视觉上将海天无限延展，如海般广阔。营造热带园林效果的仿真棕榈树，8000 多平方米的造浪区，长达 400 多米的海岸线，5000 多平方米可同时容纳 6000 人的沙滩，近 7000 平方米的海滨休闲木平台，给人以融入海天的奇妙感觉。

游乐区

游乐区共有 13 个游乐项目、18 条水上滑道，其中超过 500 米的漂流河、亚洲直径最大的喇叭、全家共享合家欢、亲子同游水寨、惊险刺激的大回环，以及西南地区独有的滑板冲浪等大型水上游乐设备，都是其特色所在。

装饰设计紧紧围绕游乐场所的功能需求，造型采用极富动感的不规则曲线与弧面，色彩设计选用亮色、多彩色，共同营造游乐场所轻松、欢乐的气氛。装饰造型上，特别考虑采用符合青少年特点的形态和尺度；细部设计上，重点在转折部位做特殊处理，用圆弧角替代硬棱硬角，避免出现安全隐患。

美食广场

美食广场分上下两层，面积约 5000 平方米，14 个特色鲜明的美食小店分布其中。室内设计选用了暖色调的石材、面砖、涂料以及色温适宜的照明灯具，以烘托餐饮空间的温暖气氛；材质选用防滑、耐磨且易于清洁的种类，便于运营维护。

地中海式风情商业小镇

小镇业态集娱乐、购物、休闲、美食于一体，定位于打造可同时容纳两万人在此娱乐的综合型空间。

室内设计以地中海风情为主题，建筑色调主要体现在白灰泥墙、海蓝屋瓦及门窗上，墙外所设置的看似不计其数的无数连续拱廊与拱形门相互连接。

装饰选材大量采用了陶砖、海蓝色屋瓦和门窗，表现海天一色的建筑风格和浪漫情怀，以棕榈树、阳光屋顶、海滩等元素营造海滨度假及购物的氛围。

新世纪购物中心

购物中心内部宽敞明亮、空间多变，富于变幻的地面铺装，极具地中海风情的钟楼，以及精致的休息区设计增强了客户体验感。

四层通高的中庭作为共享空间，弧形挑台层叠错落，空间层次丰富、充满动感。中庭室内设计选材以米白、浅灰色系为主，造型装饰适度，色彩搭配轻松明快、舒适宜人。公共空间地面铺设的古木纹石材，

在颜色、纹路上都进行了精心选择，连绵不断的古木纹理横跨整个门厅，和商场气氛相协调。不规则的连续条带恰似海面起伏的波浪，迈入商场就像在无边的海中徜徉。四层通高的中庭色彩搭配舒适宜人，绿植设计给购物环境增添了生机，高大挺拔的椰树带来大自然的气息。休闲区的人性化设计，提供了在购物之余片刻小憩之处，树下安坐，享受闲适时光。良好的动线系统充分考虑了行人和商铺间的关系，购物、休闲与娱乐流线设计清晰，相互关联且有适度的穿插调剂，给消费者带来愉悦的购物感受。

室内环境

选用节能高效的采暖和制冷方式。夏天采用中央空调制冷，装饰设计时对出风口进行了特别处理，冷空气重，便于其往下沉，提高制冷效率；冬天取暖采用地暖，热空气轻，便于其往上浮，由此很好地解决了高大空间建筑的室内控温和能耗问题。

地面采用的石材在颜色、纹路上都进行了选择，总体色系较一致。灯光设计对室内环境的天然采光和人工照明都做了周全考虑，充分利用建筑穹顶的天光，同时辅以节能光源照明。在提供功能照明的同时，星星点点的灯光同时成为室内装饰的组成元素，夜幕下，与穹顶映射的湛蓝星空遥相呼应，共同营造购物中心的多彩氛围。

消防门、设备安装槽等功能构件在室内设计时都得到了充分重视，经过了精心装饰；

设备点位与面层分格排板的对应关系，兼顾了功能与美观要求，且便于设备的操作和检修维护。

海洋公园采用人造仿真大树营造热带园效果，达到了海洋沙滩的景观效果，也解决了建筑室内植物维护成本高昂的问题。

室内设计细节方面，通过弧形感应门进入门厅，地面采用古木纹石材和金啡网石材拼花，给人强烈的视觉冲击；顶棚采用白色乳胶漆跌级吊顶的方式，周边刷金箔漆，华贵而雅致，高端、大气、上档次；门厅与主厅之间以金色不锈钢和雕花玻璃隔断作为区隔，门柱均用金色不锈钢包边、镂空，各处收口细节做得精致、到位，力求高品质；公共区域消防栓均采用活动隐暗门，并用角钢焊接、面层干挂石材的方式藏于柱子内，美观又方便开合使用；展场中庭等高大空间所有中央空调送风均采用球形风洞口，满足送风距离的要求，这样不论在冬夏都能最大限度满足使用需求。

洲际皇冠假日酒店

超五星级洲际皇冠假日酒店，环绕海洋乐园而建，建筑风格着重体现地中海沿岸依山傍海、层次错落的建筑特点。

酒店内饰注重巴洛克、哥特、地中海风情混合搭配，着重体现异域风情及奢华感。洲际皇冠假日酒店大堂高 36.8 米，建筑面积 3700 平方米，由长数十米的水族馆环绕。作为大型豪华酒店，共计有上千间客房，客房阳台全部朝向商业体内部，阳台外立面为花园式流线设计，每一间均可观海洋乐园美景，客房区设有专用通道，可直接到达商业体内部。

酒店公共区域的 SPA 会所、温泉汤池各具特色，配备专业服务团队。

为响应具有地中海风格的建筑外观，酒店内装设计将建筑风格延续到了室内。大堂选用带有金色纹理的白色石材作为墙面、地面材质，电梯厅的圆拱形门楣依次排列，令人不经意间联想到地中海小岛上映衬在湛蓝天空下的雪白小屋及与天和海一样湛蓝的拱门。

白色与金色系的配合出现在酒店的各个空间。顶棚的弧形跌级、半亚光的金箔，折射出七彩光斑的水晶花灯，白色石柱上的金色组合式雕花柱头，电梯轿厢的金色透光玉石，都在诉说着同样的主题。

客房依然是白色与金色交织。墙面白色装饰框内用细细的金色嵌条勾勒，素雅的灰色壁纸透出淡淡的蓝色，与地面蓝灰底色的地毯相呼应；地毯上，白色与金色编织着卷草纹的枝叶，宛如地中海边探出院墙的枝蔓迎风轻舞。

Beijing CTS Hotel

北京中旅大厦（暨 CTS 维景酒店）

北京中旅大厦（暨 CTS 维景酒店）是一家大型综合酒店，拥有473 套不同风格的客房，房间内设施齐全，并配有免费高速上网接口。饭店有 700 平方米的多功能厅及 10 个中型会议室，设施、设备配备一流，可举办不同形式的商务洽谈、高档宴会以及各类社交活动。

北京维景国际大酒店

设计特点

北京中旅大厦（暨 CTS 维景酒店）隶属于港中旅集团，是一家大型综合酒店，因其位于北京东三环三元桥且主立面迎向首都机场高速，十分醒目，号称"国门第一酒店"。设计有 473 套不同风格的客房、近 1000 平方米的多功能厅及 10 个中型会议室，可举办不同形式的商务洽谈、高档宴会以及各类社交活动。项目整体呈现符合现代审美精致优雅、内敛经典的不凡气质，通过对外立面和室内造型及装饰细节等方面进行精心推敲，刻画出都市贵族般的艺术形态，低调奢华。

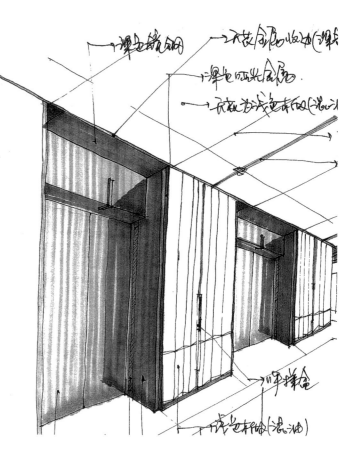

北京中旅大厦采用经典的框架——核心筒结构，通过现代、脱离冰冷强直的钢架框条与混凝土浇灌技术，营造简约流畅的商务空间，可任意分割与组合，无暗角、死角，平均使用率在75%以上。在户型上也充分考虑市场需求，户型面积300～1450平方米不等，覆盖1层4户、1层3户、1层2户至1层1户的所有户型，主推1层1户。

空间设计创意基于对现代空间低调奢华风格的思考，将文化融入室内设计中，采取多元化、多重性的设计理念，设计的核心是通过室内概念创意、空间设计、色彩设计、材质设计、家具设计、灯具设计、陈设设计，阐述特定的文化内涵，传达一定的隐喻性及叙述性，从而营造温馨低调、大方华贵且艺术文化品位高级的空间。

北京中旅大厦的设计基调在于将内敛的低调奢华和怀古的浪漫情怀与现代人对生活的需求相结合，兼容华贵典雅与时尚现代，反映后工业时代个性化的美学观念和文化品位。不做过多的刻意雕琢，也不对某种风格做完全的复制，阐述当今时代的人们对奢华的理解，并通过设计语言在室内空间中展现。

现代社会，"金碧辉煌"已不再是奢华的代名词，奢华有了更多含义，如空间规划上是自由的，富有层次感和结构美；形式上是现代的，同时散发着华贵与时尚的气息；表达上是含蓄而内敛的，创造一种心灵的体验，与现代社会中的新贵阶层在艺术和文化的追求上产生共鸣，并满足其精神需求。

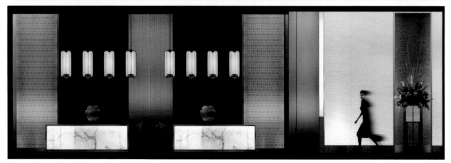

功能空间

大堂

奢华尊贵无需极力表达，而是通过一种简约、现代、时尚的装饰格调自然展现，是在含蓄中的一种辉煌，到处体现着雍容华贵。这种奢华尊贵绝非单纯体现在用料的奢华上，品位、内涵与文化的体现及意境的营造，才是表达的重点和需要刻意追求的目标。

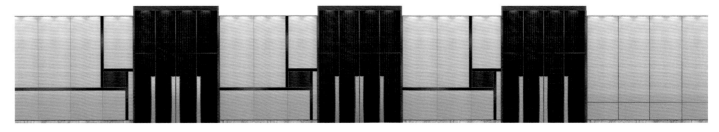

宴会厅

宴会厅艺术灯饰的排放方式看似中规中矩，其实仔细观察不难发现其与镜面相呼应，没有拘束，没有尽头，这一元素成为中旅大厦主要宴会空间造型装饰的主题。

扶梯

扶梯中转厅

黄金色泽充分展现富贵华丽的氛围，加上鲜朱红色之"艳"，这一无懈可击的绝佳搭配，使雍容华贵之气充满整个空间，金光闪闪，精致炫目。深沉里显露尊贵，典雅中渗透豪华的设计哲学，成为成功人士享受快乐生活的一种写照。

161
HONGGAO

East Lake VR Yado Hotel
东湖 VR 亚朵酒店

亚朵，起源于云南中缅边境的"亚朵村"，清新、静谧，故以此为名创立"亚朵"。东湖 VR 亚朵酒店位于科技、人文、生态的东湖 VR 数字小镇，小镇地处福州滨海新城核心区，坐拥 240 公顷的福州东湖—文武砂水库，270 公顷的海峡高尔夫球场，及 10 多公里长的黄金海岸线。酒店各层均采用大露台设计，步出客房即可观湖览景，尽享清新空气、自然风光。

设计特点

项目位于福州漳港，在文武砂边的长乐——当年郑和下西洋的出发地。作为休闲度假的中高端人文酒店，项目内装创意融入了对属地当代人文风物的提炼、对悠远历史记忆的淡然追思，采用简洁现代的设计手法，纳入人文基因，重点打造舒适宜人、放松身心的空间环境，阐释独有的轻奢旅居之美。

置身其中，居东湖之畔、文武砂旁，观山览湖，赏白鹭掠水，待华灯初上，望漳港归帆。智者长乐，卸去尘世的一身疲惫，东湖亚朵成为人生旅途回味悠长的一幕定格。

功能空间

客房

空间之美——层高 4.5 米，空间宽敞舒展。东湖 VR 亚朵酒店总建筑面积 16000 平方米，5 层均采用大露台设计，步出房门即可观湖览海。酒店内部设有 146 间豪华客房，包括 3 间 62～77 平方米的村长套房和 1 间 416 平方米的镇长套房，即便是标准间，面积也达 35～41 平方米。层高达到 4.5 米，足够大，敞亮舒展，可以获得轻奢体验。

镇长套房的大露台上可以看湖、看山，办一个私人大 party 也不在话下。将室外的自然景色轻松引入，作为客房空间的延伸。休闲聚会时，在感受室内的轻松舒展、闲适温暖之外，还可慢度清风夕阳、灯影摇曳的露台时光。室内设计风格与主体建筑风格一致，总体氛围简洁明快，舒适而庄重规整，墙面凹凸面能够更好地发挥丰富的空间层次，条形发光灯柱能更好地营造舒适的气氛，顶棚的条状吊顶叠级与木纹地板相呼应。

卧室内色调素雅，大面积的落地窗和远处自然界的山光水色相呼应，连绵的远山为室内增添了一抹青黛。墙面的透光孔丰富了灯光层次。以大面积的白色材料为背景和依托，简洁、高雅为饰面材料的共同特点，玻璃、不锈钢、石材、木板……不同的材质在空间中综合运用，不同的肌理形成有富于节奏的韵律。

VR 体验馆

体验之美——体验 VR 黑科技，畅游东湖水世界。不同于其他酒店，东湖 VR 亚朵酒店融入了极具科技感的 VR 元素。这里拥有福建省大型 VR 体验馆，入住后可以切身沉浸其中，进行先进的 VR 互动体验。馆内分成工业机器人、野战模拟、驾驶训练等体验区域，还提供游艇、帆船、快艇等具有多种功能的 VR 设备，满足甚至远远超出人们的体验预期。东湖水上运动可令人零距离体验东湖之美，感受水上运动带给身心的激情与刺激。

餐厅

品味之美——地道闽菜与海鲜，于唇齿间挑逗味蕾。美食餐厅极富设计感，宽阔明亮的落地窗让人可以欣赏窗外的清新嫩竹，临窗而坐，在一帘青翠的陪伴下开启味蕾之旅。美食餐厅无疑成为亚朵酒店最美好的所在。

设计构思强调新颖明快、突出现代感，同时传递淡淡的但无处不在的人文情怀。色彩在空间中的运用自然轻松、不着痕迹，提高了路线的可识别性，并强调了形体饰面材料本身的质感，及形体与形体间的穿插和对比。以暖色作为主基调，辅以弱对比色和独立色，空间色彩协调统一而又层次丰富。选材多用石材、木板等天然材质，间以不锈钢、玻璃等，隔断采用钢与木的组合，以明快通透的分隔形式组成流动的室内空间，通过透视上的重叠以及人在室内空间移动时形成的不同消失点视角，使多个空间同时展现在眼前，步移景异，环环紧扣，形成丰富的空间层次。

大堂 / 书吧

文化之美——阅读中回归心灵，体悟"智者长乐"。东湖 VR 亚朵酒店倡导"轻"生活态度，室内设计删繁就简，重拾人与人之间的信任。整体采用简洁明快的设计手法，突出空间庄重、沉稳而且灵活的特点。在装饰设计上采用对称布局，其庄重之感符合东方式审美。灯光的设计力求舒适，主色调为暖色，可通过电脑控制灯光的强度。顶棚造型采用几个大的发光体块，强调严整感，简单明了；墙面采用大幅的有很强体量感的方框造型，与顶棚协调统一，创造出富于设计感的整体空间。

大堂的竹居（书吧）这一静心阅读之处，将不同的材质、界面抽象为基本的造型元素，通过造型要素（点、线、面、体）的综合运用、变化和对比，形成简练而丰富的空间内容。近千册图书供旅客借阅，并可实现异地还书。在此基础上，东湖 VR 亚朵酒店设计中因地制宜地在书吧融入"智者长乐"的地域人文特色，并结合长乐郑和下西洋开洋地的历史底蕴，打造体现大航海时代风格的大堂空间，在旅居环境中处处流露长乐本土文化之美，在阅读中回归心灵，在亚朵竹居里体悟"智者长乐"。

Beijing Riverside Hotel
北京丽维赛德酒店

北京园博会丽维塞德酒店位于北京西南郊永定河畔第九届园博园核心区的主展馆，主展馆占地 3.2 公顷，建筑面积 5 万余平方米。

设计特点

建筑设计方案命名为"生命之源"，在苍茫的宇宙中唯有时间的长河亘古至今奔流不息，可是没有生命也就没有了一切……生命虽是短暂的，却生生不息，人类文明才得以发展。主展馆建筑本身所诠释的"螺旋生长、蓬勃绽放"的形态美感，即表现出勃勃生机以及对自然界的崇尚和赞美。

功能空间

主展馆

作为园博园核心区的主建筑，主展馆室内设计在"生命之源"这一概念的基础上，演绎"生命之园"的设计理念，整体设计追求人与自然的和谐共融，展现着生生不息、生命永恒的美好景象，突出了"师法自然，崇尚生命"的设计主题。顺应建筑本身的起伏节奏，用渐次绽开的流线构造来塑造空间的形态，与建筑自然贴合。以本色的装饰材料和山、石、水、木作为设计元素，贯穿设计始末，体现自然的回归。

设计中处处体现着自然界的色彩，从一粒种子的幼芽萌发—含苞待放—灿烂绽开—凄美凋零—安然回归，引发人们对回归自然、关爱生命的渴望，也契合了建筑设计"生命之源"的主题。室内设计通过数码技术手段，呈现千变万化的大自然与人类生存环境的画面，将春、夏、秋、冬四季更迭、风霜雨雪、阴晴圆缺当作不同的乐器，演奏自然的华美乐章。室内空间呈现在人们面前的是一种现代、优雅、舒展、亲和的空间形象，洋溢着包容、共荣，如同园博会给人们的启示。

室内设计根据不同的功能分区及使用需求，通过不同的植物形态、色彩和气味，使绵长的展馆区域划分明晰，给往来访客带来一种置身其中、不断变换的空间体验。

会展大堂

浅色基调的空间简洁、明快，体现亲和与接纳。会展大堂空间通过装置艺术品来凸显与众不同的气质。

取自山石概念的异形服务台、休闲座椅，是功能与艺术的完美结合。顶部的大型艺术灯具似风中翻滚的云朵，旋转起伏，颇具动感，迎面墙体明暗变化的 LED 发光树叶千姿百态，成为大堂空间的视觉中心。

酒店大堂

大堂悬吊华贵的水晶吊灯，搭配时尚典雅的精美地毯、闪亮贵气的丝绒家具，体现华美的酒店气氛。同时延伸了会展中心整体的设计语汇，流线设计和生态造型也在此空间处处体现。总服务台的中间镶嵌一个圆形屏幕，结合周边的彩色玻璃装饰，不断变化的动态画面给人一种视觉的冲击。室内设计结合现代数码技术，给人一种独特的视觉感受。

餐饮区

酒店配套的餐饮区采取柔和的低彩度色调搭配清雅的花卉，突出清新优雅的就餐环境。墙面设计元素取自中国传统建筑中花窗的概念，通过现代设计手段及材料全新诠释中国文化。餐厅照明设计独特，不论是西餐厅错落的方形发光顶棚还是中餐厅的花瓣灯饰，在不同的时间都会根据需要幻化出不同的灯光效果，或红或蓝，或紫或绿，或明或暗，或强或弱，体现变幻，体现节能。餐厅包房舒适大气，选用仿生的鸟巢灯具以及荷叶莲蓬的装饰艺术品，充满自然的格调。

会议区

会议室设计突出庄重感及功能性，采用沉稳的灰色调强化会议的正式感和严肃性。地面满铺彩色水波纹地毯，在降噪的同时也可调节会场的紧张气氛。

贵宾休息室体现尊贵感和仪式感，在设计中突出主宾位置，在统一、现代的设计元素的基础上，运用了中式符号，比如窗帘、两侧背景墙，都带有些许中国味道。

客房区

走过客房长长的走廊，如同踩过一条沾满绿苔、落英缤纷的山中小径，使人心情轻松舒畅。

客房是客人最亲密接触酒店的地方，对客房的感受关乎客人对酒店的认知度。

酒店客房的自然采光形式独特，借助建筑本身得天独厚的条件，花瓣样的窗户使房间呈现奇特的光影效果，月季花图案的地毯又与建筑设计元素相呼应。房间内雅致的浅灰色银影木和深棕色木饰搭配简约现代的客房家具，呈现一种悠然自得的舒适感。

客房设计讲究开敞通透、不完全阻隔。标准间的卫生间以玻璃隔墙隔开卧房，强调通透性。套房采用半透的绢丝玻璃作推拉门，可开可合，灵活区隔。客房的装饰陈设取自自然界的元素，花草、流水象征生生不息以及人类与自然的共融。

Crowne Plaza Beijing Lido
北京丽都皇冠假日酒店

北京丽都皇冠假日酒店交通便利，位于丽都商圈的中心，以高档的居民区、国际医院中心、餐厅和酒吧而闻名。酒店设有一个大型室内游泳池、一个 SPA 水疗中心和一个豪华宴会厅。

项目地上面积 47993 平方米，地下面积 5481 平方米，1 ～ 4 层为公共区域，5 ～ 20 层为客房区域。

设计特点

丽都不单纯是酒店，更是一个故事—— 一个关于新北京新丽都的故事，一个委婉表现与老北京老丽都对比关系的故事。

老丽都是北京人心中难舍的一段情怀。那时的北京没有后海，没有南锣鼓巷，没有 798，老丽都是当年引领时尚派对、聚集明星新贵的重要场所。那里印刻了北京人尤其是 60 后一代老北京人的青春光影。新丽都的出现勾起了这代人对青春光影的追忆与怀念，同时也成为丽都情怀的新寄托，更成为一个窗口，展示新北京的风貌。

新丽都并不极力表达奢华尊贵，而是表现一种简约、现代、时尚的装饰格调。于是阳光下的树影、四合院灰砖、院墙上的砖雕、老北京人喜爱的鸽子这些元素，经过设计师的处理，植入新丽都整体风格之中。接待台背景墙身对两笔水墨画进行切割作为装饰主题，与接待台饰面石材色彩、纹理呼应，将中国传统水墨元素悄然融入。

对"阳光下的树影"图案进行处理，于是有了新丽都地毯的主题图案，大堂屏风以"阳光下的树影"造型悄然化解回廊的生硬。"四合院墙体灰砖"的排放方式看似中规中矩，其实仔细观察会发现每块方砖外延都无限延展，没有拘束，没有尽头，这一元素成为新丽都主要空间地面及墙面造型装饰的主题。同时，灰砖的概念也被演绎到配饰的选型之中，如客房中的灯具造型。

"院墙上的砖雕"作为装饰面素材主题，让人在不经意的细节中，感受酒店的整体旋律。"老北京人喜爱的鸽子"概念更是鲜明地使用在酒店大堂、大堂吧中，仿佛在进入酒店大堂的瞬间，耳边便出现久违的鸽哨声，淡然、闲适、祥和。新丽都的时尚现代感中融合了老北京的韵味，这是现代北京的真实写照。在这里不仅能体会到北京繁华时尚大都会的一面，也能体会到皇城根文化历史底蕴的一面。

NUO Hotel Beijing
北京诺金酒店

临近北京 798 艺术区，身为北京奢华酒店之一，诺金以现代明风格设计，将当代艺术、绿色科技、商务休闲的独特体验融于一体。

有别于皇家文化和庶民文化，北京诺金着重展现了明代盛世的"文人文化"，以明代文人墨客及历史名家留下的诗文墨宝和智慧传奇贯穿始终：在酒店大堂品味张岱所钟爱之繁华；在客房体验文震亨清居之风雅，赏味文徵明书法之劲秀；在禾家中餐厅品鉴徐渭画风之洒脱；在缘亭领悟朱权悉心茶道之率性自然……处处传递明代文人随性、闲适、高雅的生活情致与韵味，从物质享受升华到精神享受，通过视觉、听觉、嗅觉、味觉、触觉五感，细细品味有无之间的静谧，呈现"奢华"的本质：高雅的生活方式、高尚的生活追求。

北京诺金酒店以距今 500 多年的明代设计概念为蓝本。当时中国学术与艺术蓬勃发展，衍生了一套关乎处世之道的学术思想，孕育了独特的中华色彩。这一时期的简约设计美学独一无二、纯净质朴，为东方文化谱写了乐章。诺金把明代哲学的概念融入中式茶廊之中，完美结合户外与室内环境。糅合明净简约的细节与色调自然的精美物料，在内敛与张扬之间取得巧妙平衡。

Xi'an Rose Garden
西安万众玫瑰园

项目位于陕西省西安市南郊曲江新区曲江池南路北侧，基地北侧紧邻曲江寒窑遗址公园，西北侧为曲江南湖，周围景观资源丰富。室内精装修面积为32800平方米，根据当地的建筑风格特色以及周边环境分析，确定整体风格以现代与中式融合为主，用现代手法处理，使空间显得更加高贵与典雅。

项目力求设计为西安豪华住宅社区，用地西侧即为万众国际五星级酒店综合体，二者结合，共同打造西安"纯高端生活方式"。

空间概念

"热闹"与"繁华"早已是都市的代名词,因而在都市中"优雅"和"宁静"便成了最奢侈的存在。返璞归真、升华之后,便是安详与宁静,摒弃繁复的装饰,回归建筑本真。

旧的文脉与新的元素共生、对比、渗透、互动,加入现代的构思,于古旧悠长之间构建出无可替代的尊贵精致的气质,运用现代手法雕琢出大气、和谐的国际寓所环境。

Legendale Hotel Beijing
北京励骏酒店

北京励骏酒店位于金宝街，拥有 390 间雍容典雅的客房、79 间设施完善的酒店式公寓及 126 套私人官邸。酒店的 8 个餐厅和酒吧设计迥异，有弥漫着浪漫气息的法式餐厅、充满异域风情的 Camoes 葡萄牙餐厅以及泳池酒吧等。北京王府井励骏酒店不仅是 2008 北京奥运会指定酒店，更被奥组委选定为北京两家专属接待奥组委顶级贵宾的酒店之一。整体建筑由著名的凯达建筑设计事务所设计，室内则是由 LRF 设计。

The Ministry of Public Security of the People's Republic of China

中华人民共和国公安部

中华人民共和国公安部办公大楼位于天安门广场东侧，与天安门城楼、人民大会堂相映生辉，体现了古老建筑与现代艺术的完美结合，是天安门地区又一座标志性建筑。公安部办公大楼美观大方、庄严肃穆，沉稳内敛而不凝滞，简洁明快而不失典雅。

大楼坐北朝南、东西对称，三门四柱式的总体建筑风格、青铜器鼎的大门样式造型、素面石材警徽的"回"形纹饰等中国古典建筑传统审美元素在这里得到了精致的体现和拓展，充分展现了传统与现代的相互包容、力与美的和谐同一、文化愉悦与实用功能的相得益彰，堪称建筑中的经典。

公安部办公大楼是一座地下两层地上九层的办公大楼，总建筑面积 13 万平方米，室内精装修面积约 8 万平方米。项目在设计构想上主要以体现公安部庄严、宏大的气魄为主，以简洁明快的线条、合理的空间布局、清新的色彩、各项齐全的功能来展现一个现代公安智能化办公大楼。

庄严肃穆、高效快捷是设计主题。大堂选用法国木纹王石材，淡雅的色调、简练的设计手法，把四颗圆柱中心区的吊顶强调了出来。中心向日葵花与灯组成的藻井，深刻表现了中国文化的情结和向心凝聚的内涵。柱头柔性竖向纹理的变化与局部墙面竖向纹理相呼应，使整个空间显得更挺拔有力。项目用材内敛、不奢华，但柱头、柱础的比例，墙面石材的拼缝以及墙边与围栏的石材收边对缝都是严格按照建筑模数推敲出来的，正是这些细节里倾注着严谨和用心，并将公安部形象通过建筑和装饰语言很好地表现出来。

National Innovation Base of Nuclear Power Research

国家核电科研创新基地

国家核电科研创新基地项目位于北京市昌平区北七家镇"未来科技城"内南区 C-86 地块内，总规划建设面积 29 万平方米，本期项目规划建设 4 栋建筑，包括 1 栋技术研发主楼、2 栋研发楼和 1 栋大型实验室。

主楼建筑面积 29623 平方米，主楼裙房建筑面积约 2700 平方米，1 号研发楼建筑面积 12852 平方米，

2 号研发楼建筑面积 12733 平方米。室内设计方案从提升公司办公环境，发挥各空间效率，满足使用功能，强调智能化，打造简洁、高效、节能、绿色、环保的空间等方面入手进行了深入研究，并结合国家核电的企业文化与企业性质，确定了以现代、简洁、大气，具有国际化气息并能体现高科技的企业性质为设计方向。

运用统一的色彩关系，体现国家核电整体现代、简洁、大方的设计风格，运用创新的造型语言来体现"以核为先，以合为贵，以和为本"的企业文化与内涵，强调严谨，体现功能。强调直线条语言、体块的穿插关系，各界面的对缝关系，各专业包括空调、消防等设备末端与室内装饰面的结合，以及用材的环保、面层材质的原有质感；注重办公空间的人性化与舒适度，追求朴实无华、与自然结合的装饰风格，追求整体空间的简洁与协调，追求高标准的施工工艺，追求低能耗的同时控制造价。

空间设计主材使用木饰面、铝板、壁纸、皮革硬包、玻璃以及金属的搭配。办公地毯以及矿棉板顶棚，选材追求环保、色调柔和，对比协调，视觉感受质朴，体现简洁的理念，且具有较强的现代感、科技感。

选用节能光源或 LED 光源，最大限度降低电能消耗，部分重点空间灯光采用智能控制模式，实现多种光效模式的同时节约电能；各空间尽最大可能增加采光面积，局部走廊隔墙处理为透明玻璃隔断，增加走廊采光量。

项目整体简练、现代感强，同时又能体现国家核电高科技与国际化的企业性质。力求塑造真正舒适、现代的办公环境，更好地激发工作人员的工作热情与活力。

Citic Securities
中信证券

项目位于北京市朝阳区亮马桥路 48 号，东邻使馆区，北邻光明饭店、中日友好中心及二十一世纪大厦高档宾馆区，西侧为长青大厦写字楼区，南侧为四季世家商住楼，与凯宾斯基饭店毗邻，所处地理位置优越繁华，交通四通八达，工程四周为草坪，绿树成荫，西侧有亮马河水榭，环境优美。

SOCIAL
RESPONSIBILITY
社会公益

1. 捐资助学，关注儿童教育

弘高创意一直关注贫困学龄儿童教育问题。早期就曾为中国文联春蕾助学活动捐资，帮助贫困地区儿童解决上学难的问题。

2013年8月，弘高创意加入志愿者团队，多渠道大力推动绿色心灵公益行活动。绿色心灵公益行联结爱心人士及公益团体，倾力践行搭建透明助学平台，开展向山区贫困儿童一对一助学公益行动，使儿童通过教育改变未来的命运。通过绿色心灵公益行的平台，更多的人了解到贫困儿童的渴望。目前助学活动已在河北涞源、青海海东、甘肃甘南、贵州施秉县、四川布拖县等地展开，累计资助贫困儿童600余人次。

2014年，弘高创意加入"暖流计划"。"暖流计划"是中国社会福利基金会独立的公益项目，为中国贫困山区学童进行物资和物流费用的募集。自加入"暖流计划"以后，弘高创意的公益变得更组织化、更系统化，也更切实地帮助了需要帮助的人。自加入"暖流计划"以来，弘高创意多次携手"暖流计划"发起"弘爱助学""中秋送暖·童爱"等活动，让弘高员工与暖流志愿者们一起，走进河北、甘肃、贵州、新疆、青海、宁夏、河南、湖北等地，为孩子们送去文具、书包、体育器材以及月饼。弘高创意希望通过"暖流计划"的平台，让这些生于困境的孩子们可以感受到这个世界的暖意。

2015年9月，在弘高创意董事长何宁先生的带领下，弘高员工和"暖流计划"志愿者共同参与腾讯"9·9"公益配捐活动，为贫困地区的孩子筹得300万元善款。

2015年10月，弘高创意作为CCTV-2财经频道"惊喜连连"栏目的公益赞助商，通过节目共捐献出200万元善款，由中国文学艺术基金会和"暖流计划"两大公益组织联合用于贫困山区儿童学习和艺术天赋的培养计划。

2015年12月，弘高创意、当代置业与"暖流计划"联合发起了"一个盒子的暖心漂流行动"。这次活动旨在关爱贫困山区1~6年级的儿童，通过爱心捐献的形式，为孩子们提供生活、学习物资。许许多多弘高创意的同事们都参与其中，为贫困儿童送了小礼物。

2. 关注灾区重建

弘高创意与社会大众一样，关注国内灾情及灾区重建问题。弘高创意为国内地震灾区、洪水灾区、贫困山区多次捐款。2008年捐款援建汶川地震中受损的四川省南江县大河镇白院小学校舍，学校命名为"南江县大河白院弘高希望小学"。2014年鲁甸天灾，牵动着全国人民的心，同时也牵动了全体弘高人的心。接到消息后，"暖流计划"第一时间迅速组织抗震救灾工作，当时弘高主动提出将公司作为北京救灾物资集散中心，弘高员工也纷纷加入志愿者队伍，为抗震救灾贡献一分力量。

3. 慈善晚宴

弘高创意自 2015 年起，每年举办一场慈善活动，汇聚社会各界正能量，共同关注慈善和公益事业。

2015 年 1 月 28 日，由弘高创意、长江商学院北京校友会、义盟、111 功德汇、盛景网联、双志精英会、中国爱乐乐团、京设联、CBC、将军部长书画院、艾华盛典、北京华辰拍卖有限公司、金利福珠宝等联合发起的第一届慈善晚宴活动——"2015 温暖童行·公益盛典慈善夜"在北京国际饭店会议中心成功举办。活动现场筹得善款 468 万元，其中弘高创意捐赠了欧洲古董钢琴一台及名家书画作品若干幅，总价值约 380 万元。"温暖童行组委会"以受益方的身份接收了所有善款，用于中国社会福利基金会、中国人口福利基金会运营的暖流计划、市长助学公益基金、善基金等公益组织和活动，为贫困儿童解决生活、学习困难。弘高创意员工 30 余人参与了此次慈善活动的志愿者工作。

COMMONWEAL IN CULTURAL INDUSTRY

文化公益

弘高创意是设计创意类企业，故弘高意为"弘扬高雅艺术"。设计有类别而艺术无界限。在今后的发展中，无论是设计界，还是文艺界，都需要更多交流和融合，这是弘高人愿意担负起的责任。

2014 年 12 月 9 日至 20 日，由弘高创意和懋文国际艺术文化发展（北京）有限公司（以下简称"懋文国际艺术"）共同发起的"中国青年艺术家欧洲艺术之旅"活动在法国、意大利两国成功进行。展出作品精良，艺术水准高超，在展出期间引起了广泛关注。

艺术之旅开启于巴黎，"法国 2014 年卢浮宫卡鲁塞尔艺术展"为中法建交 50 周年主题活动之一，法国国家美术协会邀请中国青年策展人梁开东先生联合懋文国际艺术彭讴先生在国内精选了 10 位艺术家参加，携 10 件艺术精品亮相本次艺术盛会。其中艺术家刘景弘的作品《证悟 43》荣获展会最高荣誉的金奖，吴思骏的作品《美丽头套》斩获银奖。

2015 年 8 月 6 日，由弘高创意赞助冠名，国家新闻出版广电总局、中国爱乐乐团联合主办的"弘高创意—中国爱乐乐团 2015 丝绸之路巡演"在位于塔吉克斯坦共和国首都杜尚别的塔吉克斯坦国家歌剧院开启破冰之旅。巡演长达 18 天，行程覆盖古代"丝绸之路"沿线的 5 个国家——塔吉克斯坦、吉尔吉斯斯坦、哈萨克斯坦、伊朗、希腊，6 个城市——杜尚别、比什凯克、阿拉木图、德黑兰、克里特岛、雅典，具有十分重要的文化内涵与历史意义。这是中国爱乐乐团继 2005 年世界巡演、2008 年梵蒂冈音乐会以及 2014 年英国逍遥音乐节音乐会等重要巡演之后的又一次创举。

RELIGIOUS PUBLIC WELFARE

宗教公益

弘高创意是一个正念正行的企业，对于同样传播正能量的宗教机构，一直在关注和支持。

2012 年捐资 3000 万元在青海果洛建设格萨尔博物馆（格萨尔大庙），该博物馆是我国首家集中保护、展示和研究格萨尔文化的专题博物馆，是藏区单体最大的密宗大庙，共有 42 座佛殿。

弘高创意还在河北涿鹿捐赠一块占地约 330 公顷，集藏传佛教、汉传佛教、南传佛教于一体，同时具有禅修、公益、旅游等功能的基地。

HONGGAO INDUSTRIAL PARK

弘高装配式建筑装饰产业园：研发、协同、生态、富集

· 弘高装配式建筑装饰产业园是围绕绿色建筑发展的产业，包括上游的规划、设计、勘察、认证、检测、研发，中游的建材制造、设备制造、建筑安装，下游的建筑运行管理、建筑能源服务以及围绕绿色建筑的会展、金融、物流、交易、教育培训等配套服务。绿色建筑产业集聚是指以绿色建筑为载体的设计研发、认证检测、建筑建造、设备和材料生产、商贸服务、会展金融业等绿色建筑元素在空间范围的高度集中，在绿色、环保、生态、低碳方面引领潮流，发挥示范作用。

· 弘高装配式建筑装饰产业园实质上为区域产业综合体，是指由一个或若干个园区组成的产业集聚区，在园区内部，以经营类企业为核心，各产业依照它们之间的关联程度，依次呈圈层分布，原材料、副产品、废品能够在一个区域内循环处理，实现资源的最有效利用。区域产业综合体是一个有生命力的开放的动态系统。各个园区共同参与具有区际分工意义的专门化生产，共同使用生产和非生产基础设施，从而相互之间有着紧密的联系；同时，各个园区在生产经营上又是相对独立的，在产业链中分担不同的角色。

· 弘高装配式建筑装饰产业园的目标是发展循环经济，即物质循环流动型经济，是指在人、自然资源和科学技术的大系统内，在资源投入、企业生产、产品消费及其废弃的全过程中，把传统的依赖资源消耗的线形增长的经济，转变为依靠生态型资源循环发展的经济。后者是建立在资源回收和循环再利用基础上的经济发展模式，其原则是资源使用的减量化、再利用、资源化、再循环，其生产的基本特征是低消耗、低排放、高效率。

· 研发核心、体系协同——依托集团及区域已有产业人才、技术、资金、项目资源，以架构设计、软件体系、空间类型系统创意设计、专业技术标准、生产设计、部品部件的开发和应用研发为核心，建设装饰装配体系化协同的示范性物理平台。

· 产业集聚、闭合模式——以信息化、生态化标准打造建筑装饰装配化产业链闭合模式的产业园，以科技化、工业化标准招商引资，形成品类富集效应（建设装配化研发设计中心、展示中心、工业生产基地、人才公寓商住配套设施等。建立、引进境内外软件开发，设计创意，咨询策划，PDM、BIM、信息系统技术等的研发、应用和推广机构，自动化水平高的部品生产企业，与装配式施工配套的设备、机具企业，装配式建筑装饰骨干企业，新型建材生态智能家居、家具生产企业，建筑机电设备、产品研发生产企业，传统建材的深、精加工转型升级的研发生产企业，以及智慧化运维服务机构等）。

· 区域示范、规模发展——坚持党和政府领导，依靠地方和集团资源，形成区域政、企、研、产、融、服务协同示范效应，面向全国规模化发展。

图书在版编目（CIP）数据

中华人民共和国成立70周年建筑装饰行业献礼. 弘高创意装饰精品/中国建筑装饰协会组织编写；北京弘高创意建筑设计股份有限公司编著. —北京：中国建筑工业出版社，2021.4
ISBN 978-7-112-24423-2

Ⅰ.①中… Ⅱ.①中… ②北… Ⅲ.①建筑装饰－建筑设计－北京－图集 Ⅳ.①TU238-64

中国版本图书馆CIP数据核字（2019）第245861号

责任编辑：王延兵　郑淮兵　王晓迪
书籍设计：付金红
责任校对：王　烨

中华人民共和国成立70周年建筑装饰行业献礼
弘高创意装饰精品

中国建筑装饰协会　组织编写
北京弘高创意建筑设计股份有限公司　编著
*
中国建筑工业出版社出版、发行（北京海淀三里河路9号）
各地新华书店、建筑书店经销
北京方舟正佳图文设计有限公司制版
北京雅昌艺术印刷有限公司印刷
*
开本：889毫米×1194毫米　1 / 12　印张：18⅓　插页：1　字数：338千字
2021年4月第一版　2021年4月第一次印刷
定价：200.00元
ISBN 978-7-112-24423-2
（34095）